つくって、
壊して、
直して学ぶ

クバネテス
Kubernetes
入門

高橋あおい 著
五十嵐 綾 監修

SE
SHOEISHA

はじめに

ある日のこと

ちょっといい？

部長、なんでしょう

アタシ、シロ
IT企業で働くエンジニア
ごまふアザラシ♀

今度Kubernetesってやつに
乗り換えることに決まったの！
よろしくね！！

く...くばねてす!?
なんですかそれ

なんかインフラの
名前らしいよ

インフラ!?

HAHAHA

アタシほとんど
わかんないんだけど

まあ大丈夫、
ゆっくりやれば
いいから

じゃ、
そういうことでー！！

・・・

クッ...悩んでる暇はない...
とにかく勉強
はじめなくっちゃ

なんか
困ったことに
なったわ...

壊し方…？

みなさんこんにちは。本書を手に取っていただきありがとうございます！　Dockerはわかるし使っているけれど、Kubernetes？　よく聞くけれど、あまり詳しくわからない。業務で使っているけれど、実はあまりよくわかっておらず、何か問題が発生するたびに困ってしまう。そういう声をたまに聞きます。かつての私もそうでした。

わからなくて、壊してしまって、諦めてしまう、漫画に登場するシロさんはなにか新しいことを始めるときの私です。たとえモチベーションがあったとしても、新しいことをはじめるのは時として難しいことです。それでも、新しいことをはじめるのは尊いことだと思っています。本書を手に取っていただいた方はKubernetesに入門しようとしている方でしょう。まずはKubernetesに入門しようと思っていただきありがとうございます。Kubernetesが好きな仲間を増やしたい私としては、まずは入門しようと思っていただいたことがとても嬉しいです。

私の周りを見ていると、漫画のシロさんのようにKubernetesが突然業務上必要になった、というケースもちらほら見かけます。シロさんのようなケースでは、決してポジティブな気持ちで本書を取ったわけではないかもしれません。最初はポジティブではなかったとしても、ほんの少しでもポジティブな気持ちになってKubernetesを好きになってくれたらいいな！　という思いでおとうふくんに私の念をこめました。シロさんはかつての私であり、おとうふくんは今の私でもあります。

本書は、CodeZineの連載「イラストではじめるKubernetes」（https://codezine.jp/article/detail/15630）を基に書籍化しました。書籍化をするにあたり、改めて入門者にとって優しい本とはどんなものか？　を練りに練りました。企画を練る中で、自分が何かをはじめるにあたって「説明書どおりにうまくいかず必ず壊れる」という、かつての苦悩を思い出しました。また、人には人の学習タイプがある、ということも思い出しました。例えば私は次のような学習タイプです。

- 視覚情報を基に学習する
- とくに漫画だと入りやすい
- とにかく手を動かして学習する

かつて、自分が文章だけでは理解できないことを欠点だと疎ましく思っていたことがありました。しかし、自分と同じような学習タイプの人がいるのではないか、自分が理解するために使ったさまざまな手段が人の役に立つのではないか、ということで本書の執筆に至りました。せっかくKubernetesに興味をもってくれたのだから、文章だけでは理解できないと諦めないで欲しい。かつての私のような方に、本書がおとうふくんのように寄り添えたらと思いながら書きました。必要性にかられてKubernetesを勉強する方も、たまたま気になって勉強する方も、もちろん積極的に勉強する方も、せっかくKubernetesに触れるのであれば楽しく勉強するサポートができればと思います。

また、「ただでさえKubernetesは難しいのに、一緒に登場するさまざまなワードを理解する必要があり、なかなか理解が進まない」というかつての自分の嘆きに応じるために、なるべくKubernetesのエコシステムも含めて説明しています。技術の進化も早く、また同時にさまざまな知識を獲得する必要があるなか、Kubernetes入門の門を叩いていただいたことを改めて感謝します！　本書がみなさんの旅路の第一歩となりますように。

2024年3月　高橋あおい

目次

本書の構成	012
本書を読むにあたって	013

Part 1　つくってみようKubernetes　015

Chapter 1　Dockerコンテナをつくってみる　016
1.1	なぜKubernetesにDockerが必要なのか	018
1.2	Dockerとは？	018
1.2.1	Dockerについて知ろう	018
1.2.2	コンテナとは？	019
1.2.3	なぜコンテナ？	020
1.2.4	改めて、Dockerとは？	021
1.2.5	準備：Docker環境をつくる	022
1.2.6	コンテナを起動してみる	023
1.2.7	コンテナの基となるDockerイメージ	024
1.2.8	コンテナイメージの設計書となるDockerfile	025
1.2.9	Dockerイメージをビルドする	026
1.2.10	自作のDockerイメージからコンテナを起動する	028
1.2.11	Dockerイメージを公開する	031
1.2.12	Dockerfileを書くときのTips	032
1.3	［つくる］自作http serverコンテナを起動する	035
コラム	なぜマイクロサービスアーキテクチャ？	040

Chapter 2　Kubernetesクラスタをつくってみる　042
2.1	Kubernetesとは？	044
2.1.1	コンテナをつくって壊しやすくなったその先	044
2.1.2	Kubernetesの特徴	045
2.1.3	Kubernetesのアーキテクチャ概要	050
2.1.4	さまざまなKubernetesクラスタの構築方法	051
2.2	［つくって、直す］Kubernetesクラスタを構築して消す	054

Chapter 3　全体像の説明　060
3.1	学習の流れ	062
3.2	使用するアプリケーションについて	062

つくって、壊して、直して学ぶKubernetes入門

007

Chapter	4	アプリケーションをKubernetesクラスタ上につくる	064
4.1		Kubernetesクラスタ上にアプリケーションを動作させよう	066
4.1.1		リソースの仕様をあらわすマニフェスト	066
4.1.2		コンテナを起動するための最小構成リソース：Pod	067
4.1.3		リソースを作成するための場所：Namespace	068
4.2		［つくる］Podを動かしてみよう	070
4.2.1		準備：Podを作成する前にKubernetesクラスタの起動を確認しよう	071
4.2.2		マニフェストを利用してみよう	072
4.2.3		マニフェストをKubernetesクラスタに適用してみよう	072
コラム		なぜ kubectl run ではないのか	074

Part 2 アプリケーションを壊して学ぶKubernetes 075

Chapter	5	トラブルシューティングガイドとkubectlコマンドの使い方	076
5.1		トラブルシューティングガイド	078
5.1.1		トラブルシューティングに役立つPodのSTATUSカラム	078
5.2		現状を把握するためにkubectlコマンドを使ってみよう	080
5.2.1		リソースを取得する：kubectl get	081
5.2.2		リソースの詳細を取得する：kubectl describe	086
5.2.3		コンテナのログを取得する：kubectl logs	087
5.3		詳細な情報を取得するkubectlコマンドを使ってみよう	090
5.3.1		デバッグ用のサイドカーコンテナを立ち上げる：kubectl debug	090
5.3.2		コンテナを即座に実行する：kubectl run	092
5.3.3		コンテナにログインする：kubectl exec	093
5.3.4		port-forwardでアプリケーションにアクセス：kubectl port-forward	095
5.4		障害を直すためのkubectlコマンドを使ってみよう	097
5.4.1		マニフェストをその場で編集する：kubectl edit	097
5.4.2		リソースを削除する：kubectl delete	099
コラム		Kubernetes Feature Stateについて	102
5.5		さらにターミナル操作を便利にする細かなTips	103
5.5.1		自動補完を設定する	103
5.5.2		kubectlの別名を設定する	104
5.5.3		リソース指定の省略	104
5.5.4		kubectlの操作に役立つツールの紹介	105
5.5.5		kubectlプラグインを使ってみよう	107

5.6	[直す] デバッグしてみよう	109
5.6.1	準備：Podが動いていることを確認する	111
5.6.2	アプリケーションを壊してみる	111
5.6.3	アプリケーションを調査する	112

Chapter 6	Kubernetes リソースをつくって壊そう	118
6.1	Podのライフサイクルを知ろう	120
6.2	Podを冗長化するためのReplicaSetとDeployment	121
6.2.1	ReplicaSet	121
6.2.2	Deployment	123
6.2.3	[つくって、直す] Deploymentをつくって壊そう	140
6.3	Podへのアクセスを助けるService	150
6.3.1	ServiceのTypeを知ろう	153
6.3.2	Serviceを利用したDNS	158
6.3.3	[壊す] Serviceを壊してみる	160
6.4	Podの外部から情報を読み込むConfigMap	171
6.4.1	コンテナの環境変数として読み込む	171
6.4.2	ボリュームを利用してアプリケーションのファイルとして読み込む	176
6.4.3	[壊す] ConfigMapを設定したら壊れた！	179
6.5	機密データを扱うためのSecret	188
6.5.1	コンテナの環境変数として読み込む	189
6.5.2	ボリュームを利用してコンテナに設定ファイルを読み込む	191
6.6	1回限りのタスクを実行するためのJob	193
6.7	Jobを定期的に実行するためのCronJob	196

Chapter 7	安全なステートレス・アプリケーションをつくるには	200
7.1	アプリケーションのヘルスチェックを行う	202
7.1.1	Readiness probe	202
7.1.2	Liveness probe	205
7.1.3	Startup probe	209
7.1.4	[壊す] STATEはRunningだけれど……	210
7.2	アプリケーションに適切なリソースを指定しよう	218
7.2.1	コンテナのリソース使用量を要求する：Resource requests	219
7.2.2	コンテナのリソース使用量を制限する：Resource limits	219
7.2.3	リソースの単位	220
7.2.4	PodのQuality of Service (QoS) Classes	220
7.2.5	[壊す] またしてもPodが壊れた	222

つくって、壊して、直して学ぶ Kubernetes入門

Contents

7.3	Podのスケジュールに便利な機能を理解しよう	234
7.3.1	Nodeを指定する：Node selector	234
7.3.2	Podのスケジュールを柔軟に指定する：AffinityとAnti-affinity	235
7.3.3	Podを分散するための設定：Pod Topology Spread Constraints	240
7.3.4	TaintとToleration	242
7.3.5	Tips：Pod PriorityとPreemption	244
7.3.6	［壊す］Podのスケジューリングがうまくいかない	248
7.4	アプリケーションをスケールさせよう	255
7.4.1	水平スケール	255
7.4.2	垂直スケール	260
7.5	Node退役に備えよう	261
7.5.1	アプリケーションの可用性を保証するPodDisruptionBudget（PDB）	261

Chapter 8	総復習：アプリケーションを直そう	264
8.1	準備：環境を作る	266
8.2	アプリケーション環境を構築する	266
8.3	アプリケーションを更新する	268
8.4	正常性確認を行ってみよう	268
8.5	原因調査を行ってみよう	270

Part 3 壊れても動くKubernetes — 287

Chapter 9	Kubernetesの仕組み、アーキテクチャを理解しよう	288
9.1	Kubernetesのアーキテクチャについて	290
9.2	アーキテクチャ概要	290
9.3	Kubernetesクラスタの要となるControl Plane	291
9.4	アプリケーションの実行を担うWorker Node	294
9.5	KubernetesクラスタにアクセスするためのCLI：kubectl	295
9.6	kubectl applyしてからコンテナが起動するまでの流れ	296
9.7	［つくって、壊す］Kubernetesは壊せない？	297
9.7.1	準備：クラスタを構築する	298
9.7.2	hello-serverを起動する	299
9.7.3	Control Planeを停止する	301
9.8	Kubernetesを拡張する方法	304

| Chapter 10 | Kubernetesの開発ワークフローを理解しよう | 306 |
| 10.1 | Kubernetesにデプロイする | 308 |

10.1.1	Push型のデプロイ方法：CIOps	308
10.1.2	Pull型のデプロイ方法：GitOps	309
10.2	**Kubernetesのマニフェスト管理**	313
10.2.1	Helm	313
10.2.2	Jsonnet	318
10.2.3	自作テンプレート	318
10.2.4	Kustomize	319
10.2.5	［つくる］Kustomizeでマニフェストをわかりやすくしよう	320

Chapter 11	**オブザーバビリティとモニタリングに触れてみよう**	330
11.1	**オブザーバビリティについて知ろう**	333
11.1.1	情報を収集する：Logs	334
11.1.2	測定値を処理する：Metrics	334
11.1.3	通信を追跡する：Traces	335
11.2	**モニタリングについて知ろう**	337
11.2.1	情報を可視化する：ダッシュボード	337
11.2.2	異常を知らせる：アラート	337
11.3	**［つくる］簡単モニタリング用システム構築**	338
11.3.1	Prometheus/Grafanaをインストールする	339
11.3.2	メトリクスを収集するアプリケーションを起動する	340
11.3.3	メトリクスを収集するための設定を行う	342
11.3.4	Prometheusにアクセスする	344
11.3.5	Grafanaにアクセスする	346

Chapter 12	**この先の歩み方**	352
12.1	**資格を取得したい**	354
12.2	**Kubernetes上でアプリケーションを運用する知見を深めたい**	356
12.3	**Kubernetesの障害対応に強くなりたい**	356
12.4	**Kubernetesのコミッターになりたい**	357
12.5	**スキルアップする方法**	357
12.5.1	公式ドキュメントを読む	357
12.5.2	公式の実装を読む	357
12.5.3	書籍でKubernetsに関する知識を深める	358
12.5.4	自前でKubernetesクラスタを構築する	359
12.5.5	カスタムコントローラを作る	360

	おわりに	362

本書の構成

　Part 1では、Dockerから始まりKubernetesの環境を作るところまで解説します。Part 2では、Kubernetesのさまざまな機能（リソース）を利用してアプリケーションを動かし、また、アプリケーションが壊れる[※1]さまを観察します。各Chapterでは壊れたアプリケーションを直すところまで実践していただきます。Part 3では、応用編としてKubernetesのアーキテクチャの説明やKubernetesを使って開発・運用するために必要な実践的な知識をご紹介します。

　本書を読み終わる頃には、以下の知識が身に付いていることでしょう。

- Kubernetes とは何か
- Kubernetes上で動作するアプリケーションが動かなくなったときの調査方法
- Kubernetesを使った開発・運用の方法

　本書ではこれらを完璧に理解できることを目指してはいません。大事なのは「なんとなくわかった」ということと「わからないことをインターネットで検索できる」ということです。みなさんを「何もわからない」状態から、自分で知識を獲得できるようになるまで導くことができればと思っています。

　最後のChapter 12では、より知識を獲得するためのさまざまな方法を紹介していますので、本書では物足りないという方はぜひこちらを参考に学習を続けてみてください。

対象読者

　本書は、Dockerは触ったことがあるものの、Kubernetesを全く触ったことがない方に向けて書かれています。プログラミング言語で最初に「Hello World」を出力するように、Kubernetesでの「Hello World」ができるようになることを目指しました。Kubernetesの初心者であり、これまでインフラにあまり触れてこなかった方でも理解できるような解説を心がけました。本書

※1　本書ではアプリケーションが想定どおり疎通できなくなることをこのように表現します。

でDockerを復習してもらえるような説明はしていますが、一度はdockerコマンドを叩いたことがある方に向けたレベル感になっています。

また、「なんでもいいからまず手を動かしたい」という学習方法を好む方におすすめです。本書はまず手を動かしてもらうことを念頭に、手を動かしてもらってから詳細な説明を行うような構成になっています。

イラストや漫画が豊富なため、視覚的情報を利用した説明を好む方にもおすすめです。

本書を読むにあたって

本書で利用しているマニフェストやコードなどは以下のリポジトリにアップロードされています。
https://github.com/aoi1/bbf-kubernetes

本書ではこのリポジトリをローカルにgit cloneないしは、ダウンロードして使っていただきます。次のコマンドでgit cloneできます。

```
git clone https://github.com/aoi1/bbf-kubernetes
```

また、UI上からzipファイルをダウンロードすることもできます。

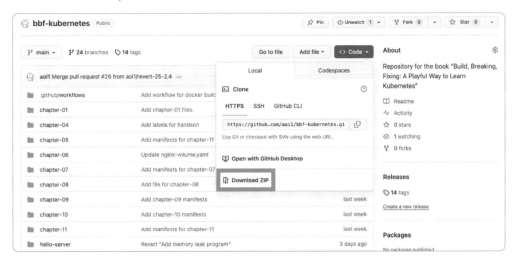

リポジトリはChapterごとにディレクトリが切られています。本書でマニフェストやコードを紹介する際にはそれぞれ<ディレクトリ名>/<ファイル名>で紹介しますので、適宜ご参照ください。

また、本書で利用している環境は次のとおりです。

Kubernetes	1.29.0
kubectl	1.29.0
kind	0.20.0
Docker Desktop	4.25.2
macOS Sonoma	14.2

Windowsを利用している方はWSL2を利用すると、本書に登場する各種Linuxコマンドを簡単に扱うことができます。

会員特典データのご案内

本書では、紙面の都合上、書籍本体の中では紹介しきれなかった「Argo CDでGitOpsを体験してみよう」を会員特典としてPDF形式で提供しています。

以下のURLから会員登録を行っていただくと、ダウンロードできるようになります。
https://www.shoeisha.co.jp/book/present/9784798183961

※会員特典データのファイルは圧縮されています。ダウンロードしたファイルをダブルクリックすると、ファイルが解凍され、利用いただけます。

◉ 注意
※ 会員特典データのダウンロードには、SHOEISHA iD（翔泳社が運営する無料の会員制度）への会員登録が必要です。詳しくは、Webサイトをご覧ください。
※ 会員特典データに関する権利は著者および株式会社翔泳社が所有しています。許可なく配布したり、Webサイトに転載したりすることはできません。
※会員特典データの提供は予告なく終了することがあります。あらかじめご了承ください。

◉ 免責事項
※ 会員特典データに記載されたURL等は予告なく変更される場合があります。
※ 会員特典データの提供にあたっては正確な記述につとめましたが、著者や出版社などのいずれも、その内容に対してなんらかの保証をするものではなく、内容やサンプルに基づくいかなる運用結果に関してもいっさいの責任を負いません。
※ 会員特典データに記載されている会社名、製品名はそれぞれ各社の商標および登録商標です。

Part

1

つくってみよう
Kubernetes

Kubernetesという文字をはじめて見た方は、どのように発音するかわからない謎な技術だと恐れる方がいるかもしれません。安心してください、Kubernetesは怖くありません。Kubernetesはコンテナを利用して開発するみなさんにとって味方であり、非常に賢いソフトウェアです。本書を読みながらKubernetesの仕組みの面白さを知り「よくできているなあ」と思いながら楽しんでいただけたらと思います。破壊と創造、ということでまずはDockerとKubernetesの概要を説明しながらクラスタを作るところからはじめてみましょう。

Chapter

1

Dockerコンテナを
つくってみる

このChapterはDockerにはじめて触れる方や、あまり慣れていない方を対象とするChapterです。Dockerを知っている方、docker build/run/pullといった基本的なコマンドになじみがある方はこのChapterを読み飛ばしていただいて問題ありません。

Part
1
つくってみよう
Kubernetes

Chapter
1
Dockerコンテナを
つくってみる

Part
1
つくってみよう
Kubernetes

Chapter
1
Dockerコンテナを
つくってみる

1.1　なぜKubernetesにDockerが必要なのか

　Kubernetesの説明の前に、まずはDockerコンテナのつくり方について説明します。なぜDockerについて説明する必要があるのか？　それはKubernetesがコンテナ管理用のツールだからです。管理用のツールについて学ぶのであれば、管理対象について知っておく方が良いですよね。コンテナは必ずしもDockerのことを指すわけではありませんが、一般的かつ手元で操作しやすいということで、このChapterではDockerについて説明していきます。

1.2　Dockerとは？

1.2.1　Dockerについて知ろう

　Dockerとは、コンテナと呼ばれる仮想化技術の一種です。コンテナの技術自体は古くからありましたが、Dockerの登場により世の中に広く知られることになりました。Docker社（当初dotCloud社）が2013年に「Build, Share, Run」の一連のライフサイクルを、dockerコマンドを基点として提供したことで、これまでのコンテナ技術よりはるかにユーザーにとって使いやすくなりました。

　Dockerfile、Dockerイメージ、Docker Hubとこれらに対する一連の操作を提供するdocker CLIによって、ユーザーにとって一連のライフサイクルを扱いやすくしています。

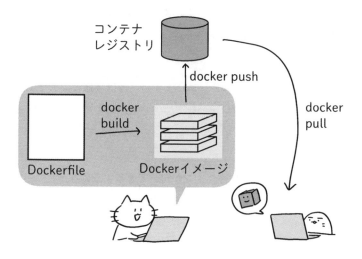

Part
1
つくってみよう
Kubernetes

Chapter
1
Dockerコンテナを
つくってみる

1.2.2　コンテナとは？

　コンテナはOS上に作られる隔離された仮想環境です。プロセスと異なるのは、コンテナ間で実行環境を参照できないということです。例えば、コンテナA内で生成したファイルを、コンテナBが勝手に参照することはできません。あるいはコンテナA内でインストールしたプログラムを、コンテナBが動かすことはできません。

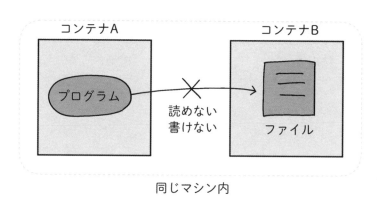

同じマシン内

Part
1
つくってみよう
Kubernetes

Chapter
1
Dockerコンテナを
つくってみる

1.2.3 なぜコンテナ？

昨今、コンテナを使っている現場も多いと思いますが、昔は今ほどコンテナ技術の採用は盛んではありませんでした。では、なぜコンテナを選ぶケースが増えてきたのでしょうか？ これには、大きく分けて次の2つの理由があります[※1]。1つずつ解説していきます。

1. 仮想マシンよりも高速にアプリケーションが起動できるようになった
2. マイクロサービスアーキテクチャを選択する現場が増えた

1.仮想マシンよりも高速にアプリケーションが起動できるようになった

隔離された仮想環境、といえば仮想マシンを思い浮かべる方もいるかもしれません。仮想マシンはコンテナとは異なり、OSも含めて仮想化しています。

仮想マシン

コンテナ

コンテナ技術の登場により、仮想マシンに比べてより早くアプリケーションを起動できるようになりました。

※1 昨今ではDocker以外のコンテナ技術の採用も盛んなため、あえて触れませんでしたが、コンテナの採用が爆発的に増えた功績としてDockerの登場があります。

Part
1
つくってみよう
Kubernetes

Chapter
1
Dockerコンテナを
つくってみる

2.マイクロサービスアーキテクチャを選択する現場が増えた

昨今ではマイクロサービスアーキテクチャ[2]の採用もコンテナが選択される要因の1つです。マイクロサービスアーキテクチャを採用したことでより早く、柔軟に顧客に価値提供できるようなインフラが求められるようになりました。

1.2.4　改めて、Dockerとは？

では、改めてDockerとはなんでしょうか。Dockerではコンテナ技術を利用することで、一度コンテナを作れば「どこで実行しても必ず同じ環境（コンテナ）を作ることができる」ということを実現しています。

マイクロサービス化の話にも通じますが、より高速な開発・デプロイ・運用のサイクルが求められる中で、「dockerコマンド」を利用して一気通貫でサイクルを回せることがDockerの強みであるといえるでしょう。「`docker run`」でコンテナを起動し、「`docker stop`」でコンテナを停止できます。「`docker build`」を利用してコンテナの基となるコンテナイメージを作成することで、コンテナの中身（アプリケーションのバージョン）を更新できます。「`docker pull`」を利用することで新規コンテナイメージをどこにいても同じように取得できます（ひいてはどのマシン上であってもDockerを動かすことができれば、同じコンテナを起動できることが保証されています）。

---

[2]　大まかにいうと、アプリケーションをある粒度に沿って細かく分割して開発・デプロイするアーキテクチャを指します。詳しくはこのChapter最後のコラムにて。

Part
1
つくってみよう
Kubernetes

Chapter
1
Dockerコンテナを
つくってみる

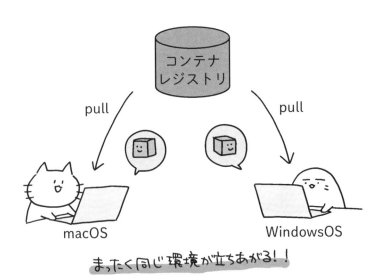

簡単にdockerコマンドを説明しましたが、手を動かしながらDockerの世界を体験していきましょう。

1.2.5　準備：Docker環境をつくる

Dockerコンテナを起動するには、Dockerのインストールが必要です。Windowsまたはは macOSを利用する方はDocker Desktop[3]がおすすめです。Linux環境の方はDocker Desktop でもDocker Engine[4]どちらでも構いません。

※3　https://docs.docker.com/desktop/
※4　https://docs.docker.com/engine/

Part
1
つくってみよう
Kubernetes

Chapter
1
Dockerコンテナを
つくってみる

1.2.6　コンテナを起動してみる

Docker環境ができればコンテナを起動できます。早速、次のコマンドを実行してNGINXサーバを起動してみましょう。

```
docker run --rm --detach --publish 8080:80 --name web nginx:1.25.3
```

実行結果

```
$ docker run --rm --detach --publish 8080:80 --name web nginx:1.25.3
Unable to find image 'nginx:1.25.3' locally
1.25.3: Pulling from library/nginx
2c6d21737d83: Pull complete
0bf6824a0232: Pull complete
~~~省略~~~
0ef920b5aa7f: Pull complete
Digest: sha256:10d1f5b58f74683ad34eb29287e07dab1e90f10af243f151bb50aa5d
bb4d62ee
Status: Downloaded newer image for nginx:1.25.3
6e0b5c4eeb52afc9f34ca260606e9e61e1bc8dd319829f6b8d5aed57bbdd8e0f
```

ブラウザで http://localhost:8080 を開いてみましょう。

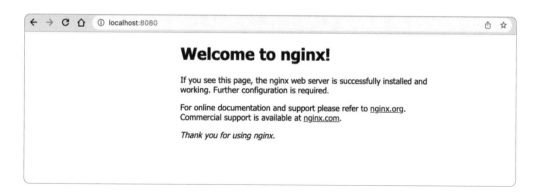

Part

1

つくってみよう
Kubernetes

Chapter

1

Dockerコンテナを
つくってみる

NGINXのサーバが起動していることがわかります。たった1つのコマンドでWebサーバを立ち上げることができました。非常に便利ですね。では、どうやって実行されているのでしょうか？

docker runを実行した後、このようなメッセージが出ていました。

> Unable to find image 'nginx:1.25.3' locally

これはローカルにイメージ"nginx:1.25.3"が存在しないということを言っています。
この後に、

> 1.25.3: Pulling from library/nginx

と書かれています。これは「ローカルにDockerイメージがなかったのでlibrary/nginxからpullしました」ということを言っています。ではDockerイメージとはなんなのでしょうか？

1.2.7　コンテナの基となるDockerイメージ

Dockerコンテナを起動するために必須となるDockerイメージについて説明します。「イメージ」と聞くと仮想マシンのイメージを想像する方もいるかもしれませんが、別物なのでご注意ください。

Dockerイメージはアプリケーションを実行するために必要なすべてのもの（すべての依存関係、設定、スクリプト、バイナリなど）、さらにメタデータなど、コンテナのその他の設定の集合体です。Dockerイメージはイメージ・レイヤを複数重ねることでできています。具体的には、先ほどNGINXのコンテナを起動したときに「Pull complete」と数行にわたって書かれていたと思いますが、1行ごとに該当のレイヤをローカル環境にダウンロードしていると考えてください。

例：
2c6d21737d83: Pull complete　← 1つのレイヤをダウンロードしている
0bf6824a0232: Pull complete　← 1つのレイヤをダウンロードしている
f47d5fcfb558: Pull complete　　← 1つのレイヤをダウンロードしている

Part

1

つくってみよう
Kubernetes

Chapter

1

Dockerコンテナを
つくってみる

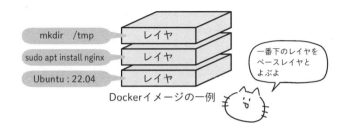

Dockerイメージの一例

Dockerイメージは既存のレイヤの上にさらにレイヤを重ねていくことで、新たなDockerイメージを作ることができます。

コンテナの起動に必要なすべてのものをDockerイメージという形でまとめることで、同じDockerイメージを使っていれば、異なるマシンでコンテナを実行したときにも必ず同じ環境が立ち上がります。

1.2.8　コンテナイメージの設計書となるDockerfile

Dockerfileはコンテナイメージの設計書で、このファイルをもとに「docker build」コマンドを実行することでDockerイメージを作成できます。既存のDockerイメージを使い回すだけであればDockerfileを使う必要はありませんし、Kubernetesを利用するうえでもDockerfileを書くことは必須ではありません。しかし、アプリケーションを開発しているのであれば新規にDockerイメージを作成したいケースがほとんどでしょう。例えば、自作アプリケーションのコンテナを立ち上げる場合、自作アプリケーション用Dockerイメージの作成が必要です。

Dockerfileの簡単な説明として、「NGINXのindex.htmlを差し替えたい」というユースケースを考えます。この場合、次のようなDockerfileになります。

Part

1

つくってみよう
Kubernetes

Chapter

1

Dockerコンテナを
つくってみる

Dockerfile

```
# FROM: 引数にベースとなるイメージを指定する
FROM nginx:1.25.3
# コピー元からDockerイメージの
# ファイルシステムをコピー先としてファイルをコピーします
COPY index.html /usr/share/nginx/html
```

DockerfileではDockerイメージをどのように作るか、アプリケーションの起動に必要なプログラムや設定をすべて書きます。Dockerfileの頭は必ず「FROM」でベースとなるイメージの指定が必要です。

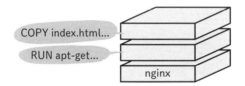

Dockerfileは書式が決まっており、大文字で"命令"を書き、スペースを空けて命令の引数を書いていく書式になります。ここではnginxというベースイメージをもとに、NGINXの実行に必要なパッケージの更新、そして作成したindex.htmlをDockerイメージにコピーしています。

1.2.9 Dockerイメージをビルドする

リモート環境でコンテナを起動するためには「Build, Share, Run」の3つが必要です。ここでは"Build"であるDockerイメージをビルドしてみましょう。

Part

1

つくってみよう
Kubernetes

Chapter

1

Dockerコンテナを
つくってみる

準備：index.htmlの作成

任意のディレクトリ（ここではcustom-nginxディレクトリとします）に次の内容のindex.htmlを保存してください。「ディレクトリ」よりも「フォルダ」になじみがある方もいるかもしれませんが、本書ではディレクトリという用語を使います。

| HTML | chapter-01/custom-nginx/index.html |

```
<h1>Hello World!</h1>
```

本書のリポジトリbbf-kubernetesのchapter-01以下にもディレクトリを作成してありますので、必要に応じてご参照ください。

Dockerfileの作成

custom-nginxディレクトリ内にDockerfileという名前のファイルを作成し、次の内容を記載しましょう。

| Dockerfile | chapter-01/custom-nginx/Dockerfile |

```
FROM nginx:1.25.3
COPY index.html /usr/share/nginx/html
```

ではdocker buildコマンドを実行してみましょう。次のコマンドを実行してください。.（ドット）はカレントディレクトリを指します。

```
docker build ./chapter-01/custom-nginx --tag nginx-custom:1.0.0
```

--tagでDockerイメージの名前とタグを指定できます（必須ではありません）。指定方法は<イメージ名>:タグです。

Part

1

つくってみよう
Kubernetes

Chapter

1

Dockerコンテナを
つくってみる

実行結果

```
$ docker build ./chapter-01/custom-nginx --tag nginx-custom:1.0.0
[+] Building 7.5s (8/8) FINISHED
docker:desktop-linux
 => [internal] load build definition from Dockerfile
0.0s
 => => transferring dockerfile: 131B
0.0s
〜〜〜省略〜〜〜
What's Next?
 View a summary of image vulnerabilities and recommendations → docker
scout quickview
```

何行かターミナルに出力されました。命令ごとにレイヤが作成され、Dockerイメージを最終成果物としてビルドされている様子がわかります。

docker imagesコマンドで作成したDockerイメージを参照できます。

実行結果

```
$ docker images
REPOSITORY      TAG        IMAGE ID       CREATED          SIZE
nginx-custom    1.0.0      e309196b34bb   14 minutes ago   211MB
nginx           1.25.3     247f7abff9f7   4 months ago     187MB
```

なお、先ほど利用したnginxのDockerイメージも参照できています。

1.2.10 自作のDockerイメージからコンテナを起動する

では「Build, Share, Run」の"Run"をやっていきましょう。「Shareは?」と思われるかもしれませんが、ローカルでビルドしたDockerイメージをローカルで実行する場合、Shareする必要はありません。

Part

1

つくってみよう
Kubernetes

Chapter

1

Dockerコンテナを
つくってみる

Dockerコンテナを停止する

コンテナを起動する前に先ほど起動したNGINXのコンテナを停止しましょう（すでに停止している方はこの説明をスキップしてください）。docker runを実行したときに、とくに説明はしませんでしたが、実は--detachオプションでコンテナをバックグラウンドで実施できます。

docker psで現在起動中のコンテナが一覧できます。一覧にある一番左のフィードからコンテナIDを取得し、コンテナを停止しましょう。docker psの結果複数コンテナが出力された場合、NAMESにwebと書かれているコンテナの行を確認してください。

docker ps

実行結果

```
$ docker ps
CONTAINER ID    IMAGE              COMMAND                CREATED
↵ STATUS           PORTS                    NAMES
6e0b5c4eeb52    nginx:1.25.3       "/docker-entrypoint.…"   24 seconds
↵ ago   Up 24 seconds   0.0.0.0:8080->80/tcp        web
```

次のコマンドでコンテナを停止しましょう。CONTAINER IDはdocker ps実行結果の一番左のカラムをご参照ください。

docker stop <CONTAINER ID>

実行結果

```
$ docker stop 6e0b5c4eeb52
6e0b5c4eeb52
```

コンテナを起動する

Dockerイメージからコンテナを起動しましょう。次のコマンドを実行してください。

Part

1

つくってみよう
Kubernetes

Chapter

1

Dockerコンテナを
つくってみる

```
docker run --rm --detach --publish 8080:80 --name web nginx-custom:1.0.0
```

`docker run <イメージ名>`でDockerコンテナを実行できますが、今回はさまざまな引数を付けました。コマンドの引数の意味は次のとおりです。

- **--rm**：コンテナの停止とともにコンテナを削除する
- **--detach (-d)**：デタッチを行う。コンテナをバックグラウンドで実行可能にする
- **--publish (-p)**：ポートフォワードを行う、コンテナの80番ポートをホストの8080番ポートにフォワードする
- **--name**：コンテナに名前をつける

実行結果

```
$ docker run --rm --detach --publish 8080:80 --name web nginx-custom:1.0.0
02643aea5ee8768daf05d658656ba48dea75a64d3ddbf323082eae1e9da81afa
```

ブラウザで http://localhost:8080 にアクセスします。

おめでとうございます！　新しいindex.htmlを利用したコンテナを起動できました[5]。最後にコンテナを停止しましょう。`docker start/stop`コマンドではコンテナのID以外にもコンテナ名でコマンドを実行することができます。今回はコンテナ名でコンテナを停止します。

```
docker stop web
```

実行結果

```
$ docker stop web
web
```

[5]　もし画面が「Welcome to nginx」から変わらない場合、画面を読み込み直したり、キャッシュをクリアしたりしてみてください。

Part

1

つくってみよう
Kubernetes

Chapter

1

Dockerコンテナを
つくってみる

1.2.11　Dockerイメージを公開する

「Build, Share, Run」の"Share"です。自作したイメージをほかのマシンにShareする方法を説明します。

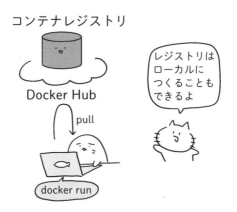

コンテナレジストリ

Docker Hub

pull

docker run

レジストリは
ローカルに
つくることも
できるよ

Shareするために必要な「箱」がレジストリです。GitHubにアップロードされているバイナリをローカルマシンにダウンロードしてプログラムを実行できるように、コンテナイメージをアップロードする場所があります。これをコンテナレジストリといいます。

さまざまなレジストリ用のサービスがありますが、`docker run`でコンテナレジストリ名を省略した場合に参照されるのはDocker Hub[6]にアップロードされているDockerイメージです。Docker Hubではリポジトリ単位でイメージが管理され、1つのリポジトリで複数のタグを保存できます。

レジストリにはプライベートレジストリとパブリックレジストリを作成できます。プライベートレジストリを利用する場合は、`docker pull`するときにトークンを使用する必要があります。

例えば、NGINXコンテナを起動したときに利用したリポジトリは次のとおりです。
https://hub.docker.com/_/nginx

※6　https://hub.docker.com/

Part

1

つくってみよう
Kubernetes

Chapter

1

Dockerコンテナを
つくってみる

docker push コマンド

レジストリにDockerイメージをアップロードするためには、`docker push`コマンドを実行します。レジストリにpush先を用意するためには、アカウント作成や認証情報の取得などを行う必要があります。また、これらの方法はレジストリごとに異なりますので、利用するレジストリが案内する方法をご参照ください。

例えばDocker Hubの場合、次のような手順になります。

1. アカウントを作成する
2. リポジトリを作成する[7]
3. docker login コマンドでターミナルからDocker Hubにログインする
4. docker push <リポジトリ名> でアップロードする

1.2.12 Dockerfileを書くときのTips

Dockerfileの書き方を簡単に説明しましたが、基本的にDockerfileに書くべき命令と引数さえわかれば[8]、やりたいことは簡単に実現できます。

しかし、Dockerfileにも注意点とベストプラクティスがあります。公式のドキュメント[9]にベストプラクティスのページがあるため全部目を通すのが望ましいですが、読むのが大変という方に向けてとくに注意すべきポイントをピックアップしておきます。

注意：秘密情報・機密情報はDockerイメージに書き込まない

レイヤを重ねることは、下のレイヤの情報がコンテナ起動後も見えなくなる、ということを意味しているわけではありません。秘密情報や機密情報を混入させた状態でビルドしたDockerイメージは、一見最上位レイヤからは秘密情報が見えなくなっていたとしても、参照可能な状態になっています。

※7　個人利用の場合、プライベートリポジトリは1アカウントにつき1つしか作れません。
※8　公式ドキュメントを参考にしてください：https://docs.docker.com/engine/reference/builder/
※9　https://docs.docker.com/engine/reference/builder/

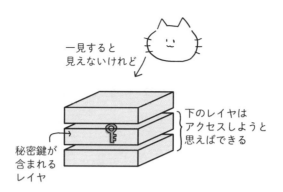

一見すると
見えないけれど

秘密鍵が
含まれる
レイヤ

下のレイヤは
アクセスしようと
思えばできる

そのため、秘密情報が下のレイヤに含まれている状態でDockerイメージをレジストリにアップロードしてしまったら最後、docker pullできる人はすべて秘密情報・機密情報にアクセスが可能になってしまいます。

対策として、外部から秘密情報などを指定できるようにしたり、次に紹介するマルチステージビルドで公開してはいけない情報を最終成果物に混入させないようにしたりする方法などがあります。

ベストプラクティス：マルチステージビルドを行う

コンテナはなるべく軽い方が起動・更新が早くて良いとされています。また、なるべく脆弱性を減らすためにコンテナに同梱するライブラリやアプリケーションは少ない方が良いともされています。

これらを実現するためのベストプラクティスが「マルチステージビルド」となります。ステージというある程度まとまった単位でプログラムをビルドします。ビルド成果物のみ最終ステージでイメージに同梱することでプログラムの実行に必要な最小限のファイルでコンテナを起動できます。

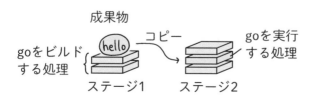

成果物

goをビルド
する処理

コピー

goを実行
する処理

ステージ1　　ステージ2

Part
1
Kubernetes
つくってみよう

Chapter
1
Dockerコンテナを
つくってみる

Part

1

つくってみよう
Kubernetes

Chapter

1

Dockerコンテナを
つくってみる

具体的には次のようなDockerfileを書きます。

Dockerfile

```
FROM golang:1.21 AS builder # AS XXXと書くことでステージに名前を付けることができます
WORKDIR /app
COPY <<-EOF main.go
package main
import "fmt"
func main() { fmt.Println("Hello World!") }
EOF
ENV CGO_ENABLED=0
RUN go mod init hello \
&& go mod tidy \
&& go build -o hello main.go

FROM scratch # Dockerが公式で用意している最小のイメージです
COPY --from=builder /app/hello /hello # --from=<ステージ名>で指定されたステー
ジの成果物をこのステージにコピーします
CMD ["/hello"]
```

　マルチステージビルドを行うことで、このDockerイメージから起動されるコンテナでは
mainというバイナリのみ同梱されます。

1.3 つくる 自作 http server コンテナを起動する

つくってみよう

Docker コンテナ

イェ〜イ

本書で使う hello-server は
すでに Docker Hub に
イメージがアップされていますが
今回は同じものを
手元でつくってみましょう

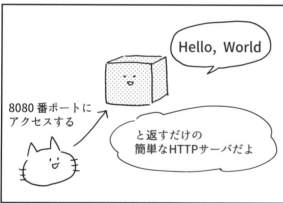

Hello, World

8080番ポートに
アクセスする

と返すだけの
簡単なHTTPサーバだよ

簡単なのはいいけれど
この先これを
ずっと使うの？

あまりに
簡単
すぎない？

今回作った
プログラムをベースに
ハンズオンごとに
ちょっとずつ改良していくよ

使うイメージタグが
変わっていくのを
みていってね

今回docker pushまではやらないけれど
興味ある人は最後に
自分のDockerレジストリをつくって
pushしてみよう！！

とくに説明はしないので
ちょっとチャレンジング！

イェ〜イ

Part
1
つくってみよう
Kubernetes

Chapter
1
Dockerコンテナを
つくってみる

Part

1

つくってみよう
Kubernetes

Chapter

1

Dockerコンテナを
つくってみる

この先、Kubernetesのハンズオンで利用するものと同様のサーバアプリケーション（以降アプリケーション名hello-serverとして紹介します）のDockerイメージを自作してみましょう。実際のKubernetesハンズオンでは筆者がレジストリにアップロードしたDockerイメージを利用しますが、コンテナの実装やイメージの理解を深めるため一度手を動かしてもらいます。

hello-serverの実装を行う

今回はGo言語を利用しますが、Go言語を知っている方ばかりとは限らないため、こちらで用意したコードを使ってください。

---

main.go　　chapter-01/hello-server/main.go

```go
package main

import (
    "fmt"
    "log"
    "net/http"
)

func main() {
    http.HandleFunc("/", func(w http.ResponseWriter, r *http.Request) {
            fmt.Fprintf(w, "Hello, world!")
    })

    log.Println("Starting server on port 8080")
    err := http.ListenAndServe(":8080", nil)
    if err != nil {
            log.Fatal(err)
    }
}
```

Part
1
つくってみよう
Kubernetes

Chapter
1
Dockerコンテナを
つくってみる

Dockerfileをつくる

main.goを保存したディレクトリと同じディレクトリにDockerfileを作りましょう。リポジトリに次のDockerfileをアップしています。

Dockerfile　chapter-01/hello-server/Dockerfile

```
FROM golang:1.21 AS builder
WORKDIR /app
COPY . .
ENV CGO_ENABLED=0
RUN go build -o hello .

FROM scratch
COPY --from=builder /app/hello /hello
ENTRYPOINT ["/hello"]
```

このDockerfileは［1.2.12 Dockerfileを書くときのTips］のマルチステージビルドで説明したものと同じなので、Dockerfileの解説については、そちらをご参照ください。次のようなgo.modがないとDockerイメージをビルドできないので、go.modもリポジトリにアップしています。

go.mod　chapter-01/hello-server/go.mod

```
module github.com/bbf-kubernetes
go 1.21
```

Dockerイメージをビルドする

`docker build`コマンドを利用してDockerイメージをビルドしましょう。

```
docker build ./hello-server --tag hello-server:1.0
```

今回はローカルでコンテナを起動するので、イメージ名やタグは任意のものを指定しても問題ありません。

Part
1

つくってみよう
Kubernetes

Chapter
1

Dockerコンテナを
つくってみる

実行結果

```
$ docker build ./hello-server --tag hello-server:1.0
[+] Building 2.6s (11/11) FINISHED
docker:desktop-linux
 => [internal] load .dockerignore
0.0s
 => => transferring context: 2B
0.0s
 => [internal] load build definition from Dockerfile
0.0s
 => => transferring dockerfile: 198B
0.0s
 => [internal] load metadata for docker.io/library/golang:1.21
2.6s
 => [auth] library/golang:pull token for registry-1.docker.io
0.0s
 => [builder 1/4] FROM docker.io/library/golang:1.21@sha256:
↵ 2ff79bcdaff74368a9fdcb06f6599e54a71caf520fd2357a55feddd504
↵ bcaffb
～～～以下略～～～
```

Dockerイメージの一覧を取得し、Dockerイメージが作成できていることを確認しましょう。

```
docker images hello-server
```

実行結果

```
$ docker images hello-server
REPOSITORY     TAG    IMAGE ID       CREATED        SIZE
hello-server   1.0    6f1fb16d2f71   25 hours ago   6.45MB
```

Dockerイメージを作成できたことが確認できました。

Part
1
つくってみよう
Kubernetes

Chapter
1
Dockerコンテナを
つくってみる

Docker コンテナを起動する

では、ローカルでビルドしたDockerイメージを利用してコンテナを起動しましょう。

```
docker run --rm --detach --publish 8080:8080 --name hello-
server hello-server:1.0
```

実行結果

```
$ docker run --rm --detach --publish 8080:8080 --name hello-server
↵ hello-server:1.0
16ab108c14f16885269d0bd7ccefc3dd2129d38a1578446506cf761adfa9b5df
```

curlコマンド[10]を利用してローカルホストにアクセスし、接続確認を行いましょう。

```
curl localhost:8080
```

実行結果

```
$ curl localhost:8080
Hello, world!
```

コンテナを起動できました。最後にコンテナを停止しましょう。

```
docker stop hello-server
```

実行結果

```
$ docker stop hello-server
hello-server
```

※10　curlコマンド(https://curl.se/)とはUnixではよく使用されるコマンドです。本書ではアプリケーションへの接続確認に利用します。WindowsのPoweshellを利用している方はcurlのかわりにcurl.exeを実行する必要があります。

Part

1

つくってみよう
Kubernetes

Chapter

1

Dockerコンテナを
つくってみる

コラム なぜマイクロサービスアーキテクチャ？

本書のハンズオンでは小さい、かつ単一のアプリケーションしか実行していないため、なぜマイクロサービスアーキテクチャが選択されるようになってきたのか、今ひとつわかりづらいかもしれません。

アプリケーションのアーキテクチャを厳密に考えず、アプリケーション開発を素朴に行っていくと、1つの実行プログラムに全部入りのアプリケーションができます。この「全部入り」な設計方法をモノリシック（monolithic; 1つのでかい岩で構成されている）アーキテクチャと呼びます。モノリシックアーキテクチャは非常にシンプルで、導入がしやすいです。しかし、サービスが大きくなるにつれて次のような問題が出てきます。

1. たとえ小さな修正でもアプリケーションのデプロイは必ず全体をデプロイする必要があるため、顧客への価値提供が遅くなる
2. アプリケーションの起動やビルドが遅く、開発効率が悪くなる

デプロイに関する"調整"が増えていき、複合的な問題として「開発者を増やしても思ったように開発が進まない」という問題もあるでしょう。

これらの問題を解決するために登場したのがマイクロサービスアーキテクチャです。マイクロサービスアーキテクチャは小さなサービスの単位でビルド、デプロイできるようになるため、モノリシックアーキテクチャが抱えている多くの問題を次のように解決します。

1. マイクロサービスごとにデプロイが可能になるため、新機能や機能修正を細かくデプロイできるようになる
2. マイクロサービスのビルドや起動が早くなり、開発効率が上がる

また、デプロイが各マイクロサービスに閉じるため、コミュニケーションコストはある程度に抑えながら開発者を増やしていくことで開発スピードを上げていくことができるでしょう。

マイクロサービスにおけるメリットは、そのままコンテナ技術を利用することで最大限に活かすことができます。1つのマイクロサービスを1つのコンテナにすることで、コンテナごとにデプロイしたり、開発・修正のサイクルを素早く回したりできるようになります。より早く、より良いものを顧客に提供したい、という競争の中で、サービス規模が拡大していく中でマイクロサービスアーキテクチャが選択され、コンテナ技術が好まれるのは当然のことと言えるでしょう。

Part

1

つくってみよう
Kubernetes

Chapter

1

Dockerコンテナを
つくってみる

Chapter

2

Kubernetesクラスタを
つくってみる

　Kubernetesが何かもあまりわからないのにKubernetesクラスタをつくって
みるなんて難しい、と思わないでください！　Kubernetesクラスタを簡単に構
築するためのツールはたくさん提供されているため、個人学習用のクラスタ構築
のハードルは非常に低いです。このChapterを通してKubernetesとは何かを学
習し、クラスタを構築してみましょう。

Part
1
つくってみよう
Kubernetes

Chapter
2
Kubernetesクラスタを
つくってみる

Dockerはなんとなくわかったけれど
Kubernetesがやっぱりわかんない

ぴ

たしかに単語だけ見ても
どんなものか
想像つきにくいもんね

何をする？

ツール？

言語？

Dockerは
ローカル環境で
バンバン動かせて
いるんだけれど...

Kubernetes をローカルで
動かす方法が全然わかんないし
Docker だって
複数コンテナを管理できるし
全然わからん ！

なるほどなるほど
たしかにDockerで
十分というケースは
結構あるね

それでも**大量のコンテナ**を
本番環境で持続的に

開発・運用していくには
Kubernetesを使うと便利なことが
いっぱいあるよ

説明いってみよ〜

Part

1

つくってみよう
Kubernetes

Chapter

2

Kubernetesクラスタを
つくってみる

2.1 Kubernetesとは？

Kubernetesとは「Open-source system for automating deployment, scaling, and management of containerized applications.」と公式ホームページに書かれています。直訳すると、「コンテナ化されたアプリケーションのデプロイ、スケーリング、および管理を自動化するためのオープンソースシステム」だと言っています。

Dockerは非常に便利です。「Build, Share, Run」と呼ばれる仕組みもあり、レジストリなどエコシステムも整っています。では、Kubernetesは何のためにあるのでしょうか。

2.1.1 コンテナをつくって壊しやすくなったその先

Dockerの登場によりコンテナをつくって壊しやすくなりました。その結果、人々はたくさんのコンテナを管理しなければならなくなります。Dockerコンテナは非常に便利ですが、本番で多くのコンテナを運用しようとすると、次のような問題に直面するでしょう。

- 障害発生時に、各コンテナの設定・復旧をするのが大変
- コンテナの仕様を個々に管理するのが大変
- サーバが複数台あるときに、どのサーバでコンテナを起動させるべきかを決めるのが大変

これらの問題を解決するための手段の1つとして「Kubernetesを使う」ということが挙げられます。逆に言えば、コンテナを使っているからといって必ずしもKubernetesが最適な手段とは限りません。また、アプリケーションをコンテナ化しただけで、コンテナの使い方が仮想マシン時代と変わらないケースも見受けられます。本書でKubernetesを学びながら、すでに導入されている環境ではよりメリットを享受できるように、まだ導入していない環境ではKubernetesが最適かどうか検討できるように案内できればと思います。

Part
1
つくってみよう
Kubernetes

Chapter
2
Kubernetesクラスタを
つくってみる

2.1.2　Kubernetesの特徴

では、先ほど説明したコンテナ本番運用の問題と照らし合わせながら、Kubernetesの特徴を挙げます。

- 障害発生時に、各コンテナの設定・復旧をするのが大変
- → Reconciliation Loop（調整ループ）によって障害から自動復旧するよう試みる
- コンテナの仕様を個々に管理するのが大変
- → YAMLファイルを利用して各設定を管理できる（Infrastructure as Code）
- サーバが複数台あるときに、どのサーバでコンテナを起動させるべきかを決めるのが大変
- → KubernetesのAPIでインフラレイヤが抽象化されており、サーバ固有の設定を知る必要がない

一つひとつ説明していきましょう。

Reconciliation Loop（調整ループ）によって障害から自動復旧するよう試みる

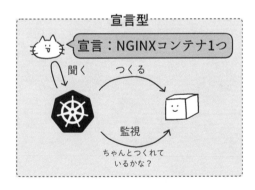
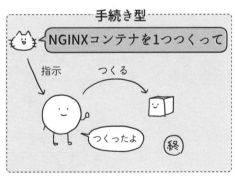

Kubernetesは「宣言型」のツールであると言われています。宣言型以外の型として、「手続き型」があります。手続き型はその名のとおり「Ubuntu OSをインストールし、JDKライブラリをインストールし、ディレクトリを作成し……」と言ったとおりに実行する作業を命令するようなインフラのツールを指します。

Part

1

つくってみよう
Kubernetes

Chapter

2

Kubernetesクラスタを
つくってみる

　手続き型のツールとしてはAnsibleがよく使われています。手続き型はやるべきことを順番に書いて実行されるというシンプルさがある一方、命令を実行している途中に障害やエラーが発生した場合、「そのエラーを自動的に解決するためにはどうするか」などエラーハンドリングの手続きまで書く必要があります。あらゆるエラーや障害をあらかじめ定義しておくことは困難ですよね。

　一方「宣言型」ツールであるKubernetesは「望ましい状態（Desired State）を定義する」ことでインフラの設定を行います。望ましい状態を定義しておくと、Kubernetesは定義どおりの設定になるよう自動でコンテナを起動したり、ネットワークの設定を行ったりします。この「Desired stateを達成するよう自動で動く」仕組みを"Reconciliation Loop"と言います。このループがあることから、Kubernetesは障害に強いと言われています。

　例えば、Aというコンテナと、Bというコンテナを起動しているサーバに障害が発生したとします。ここで命令型であれば「Aというコンテナを起動し、Bというコンテナを起動する」という命令を再び実行することになるでしょう。Kubernetesでは「Aというコンテナと、Bというコンテナが起動している」という望ましい状態を書いておくことで、「コンテナAは起動していないけれどコンテナBは起動している」という状態を検知し、コンテナAを起動します。Reconciliation Loopは常に実行されているため、人間がサーバの障害に気付かないうちに復旧するということも可能です。

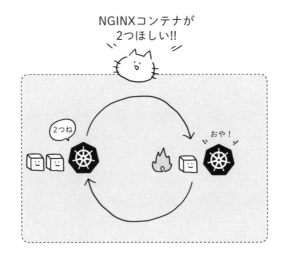

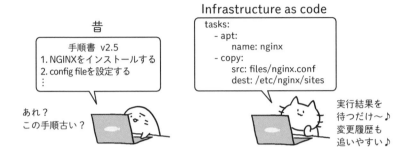

Part
1
つくってみよう
Kubernetes

Chapter
2
Kubernetesクラスタを
つくってみる

YAMLファイルを利用して各設定を管理できる（Infrastructure as Code）

Infrastructure as Code（IaC）は、「手動のプロセスではなく、コードを使用してインフラストラクチャーの管理とプロビジョニングを行うこと」を言います[1]。「YAMLファイルを利用して」と書きましたが、このYAMLファイルをKubernetesでは「マニフェスト」と呼ぶことが多いです。このマニフェストファイルにさまざまなインフラの設定を書いておくことで、設定をコード化できます。

IaCのメリットは、ソースコードリポジトリを利用することで、変更の差分を後から参照できることです。これまで「日本語でインフラ環境構築手順書が書かれており、手順書の変更履歴を追うのが難しかったり、手順書への反映が行われていなかったりして困った」という経験をされたことがある方もいるのではないでしょうか。IaCはこれらの問題を解決し、さらにKubernetesでは後述するGitOpsを利用することで「Gitリポジトリに保存されているマニフェストが必ず真である」という状態を作ることができます。IaCはUIのワンクリックですむようなこともコード化する必要がある、という手間がありますが、本番運用を行う環境ではなるべく導入した方が良いでしょう。

マニフェストの簡単な例を見てみましょう。

※1　IaC (Infrastructure as Code) とは　https://www.redhat.com/ja/topics/automation/what-is-infrastructure-as-code-iac

Part

1

つくってみよう
Kubernetes

Chapter

2

Kubernetesクラスタを
つくってみる

YAML

```
apiVersion: v1
kind: Pod
metadata:
  name: nginx
spec:
  containers:
  - name: nginx
    image: nginx:1.25.3 --- ❶
    resources:
      requests:
        memory: 100Mi --- ❷
```

　マニフェストの細かい説明はChapter4で行いますので、ここでは簡単に説明していきます。このマニフェストではNGINXのコンテナを立ち上げるための設定を書いています。

❶　コンテナのイメージに nginx:1.25.3 を利用するということが書かれています
❷　コンテナに必要な最小メモリ量が100Miであるということが書かれています

　Kubernetesではリソースを作成することでアプリケーションのデプロイや設定ができます。コンテナはPodというリソースを利用してデプロイします。Podは複数コンテナをまとめた単位であり、このマニフェストにはPodというリソースを用いてnginxという名前のコンテナを立ち上げるよう指定しています。

　このようにして、コンテナの"仕様"をすべてマニフェストに書き起こし、この"仕様"をもとにコンテナが起動されます。Kubernetesではコンテナを含めたインフラレイヤのほとんどをコード化することで、「コンテナの仕様や設定を個々に管理するのが大変」という問題を解消します。

Part
1
つくってみよう
Kubernetes

Chapter
2
Kubernetesクラスタを
つくってみる

Kubernetes の API でインフラレイヤが共通化・抽象化されており、サーバ固有の設定を知る必要がない

サーバ上にアプリケーションを起動させる場合、そのサーバに合わせた固有の設定が必要になることがあります。例えばアプリケーションを外部に公開したいとき、OSによってやり方が変わります。また、同じOSでもバージョンによって変わることもあるでしょう。

しかしKubernetesでは、例えば次のマニフェストを書くことでクラスタの外部と通信可能になります[2]。

```YAML
apiVersion: v1
kind: Service
metadata:
  name: my-service
spec:
  type: NodePort
  selector:
    app.kubernetes.io/name: myapp
  ports:
    - port: 80
      targetPort: 80
      nodePort: 30007
```

ここにはOSの種類や、外部公開の手段は一切書かれていません。Kubernetesのクラスタを利用していれば、このマニフェストが意味するところは同じになります。Kubernetesではさまざまなインフラレイヤの設定がこのように共通化、抽象化されているため、今までインフラをあまり触ったことがない開発者でもインフラに関連する設定を行えるようになります。

これまでは「サーバ運用者」と「アプリケーション開発者」がそれぞれに知識が必要で役割が分かれていたところを、Kubernetesによって両者の距離が近くなり（場合によってはサーバ運用者という役割がなくなり）、より開発スピードをあげられるようになったという効能もあります。

※2　インターネットに公開したい場合は別途設定が必要です。

Part

1

つくってみよう
Kubernetes

Chapter

2

Kubernetesクラスタを
つくってみる

2.1.3　Kubernetesのアーキテクチャ概要

　Kubernetesを触り始める前に少しだけアーキテクチャについて説明します。詳しくは
Section9.1で説明しますので、ここでは簡単に出てくるキーワードをなんとなくで良いので把
握していただければと思います。

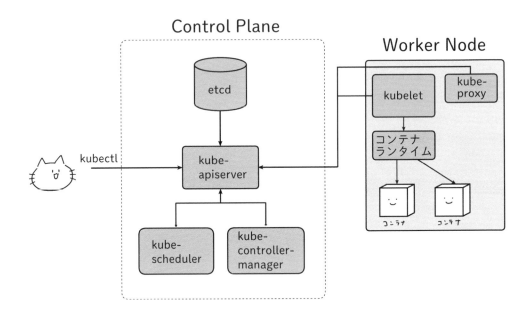

　Kubernetesを構成する重要なコンポーネントはイラストのとおりです。まず、Kubernetes
は大きくControl PlaneとWorker Nodeの2つの役割に分かれます。Control Planeによって
決まった内容（例：Podのスケジュール先）に応じてWorker Nodeでは実際にコンテナを起動
する、といった流れになります。

　Kubernetesは実は「アプリケーションサーバとデータベースというウェブサービスでよく見
かけるインフラ構成と似ている」と聞いたら理解が進みやすいのではないでしょうか。

　また、Kubernetesを扱うユーザーはアプリケーションサーバであるkube-apiserverにアク
セスしてインフラ環境の構築（例：コンテナを起動する）を行います。

Part
1
つくってみよう
Kubernetes

Chapter
2
Kubernetesクラスタを
つくってみる

kube-apiserverへ簡単にアクセスするためのツールとして、kubectlが用意されています。kubectlを利用することでインフラ環境の構築のみならずトラブルシューティングを行うこともできるため、本書ではPart 2でkubectlの扱い方を手厚く説明しています。

また、ここでさらに大事な要素として「Control PlaneはWorker Nodeに直接指示しない」ということがあります。Worker NodeがControl Planeに問い合わせる方式をとることで、Control Planeが壊れても、即座にWorker Node上に起動するコンテナが破壊されるわけではありません。

以降、Worker Nodeを省略してNodeと呼びます。

2.1.4　さまざまなKubernetesクラスタの構築方法

Kubernetesクラスタの構築にはさまざまな方法があります。どの環境を選択するか、大きく分けてローカル環境とクラウドベンダーの2つがあるでしょう。

会社で使っているクラウドベンダーに近い環境で学習をしたい、今後クラウドベンダーを利用して本番環境を扱う可能性がある、といった事情がなければ初めの学習はローカルクラスタを利用することをおすすめします。

ローカルクラスタであれば無料なだけではなく、Kubernetesのすべてのコンポーネントを好きにいじることができます。クラウドベンダーを利用する場合、クラウドベンダーがKubernetesクラスタ管理の一部を担っているため本番環境では非常に頼もしいですが、「利用するクラウドベンダーのKubernetes」という観点でさらに学習が必要になります。

Part

1

つくってみよう
Kubernetes

Chapter

2

Kubernetesクラスタを
つくってみる

ローカルクラスタを構築する

ローカルクラスタを構築するにはさまざまな方法があります。パソコンがあれば無料で環境を構築できるので、個人での利用やローカル開発環境での利用で活躍します。ここでは簡単にローカルクラスタを構築するために利用できるツールを紹介します。自分で1から構築したい方はChapter12で紹介していますので、そちらをご参照ください。

本書ではマルチノード環境をハンズオンで必要とするため、マルチノード環境を構築できるツールを用意すると良いでしょう。次に紹介するminikubeとkindがこれに当てはまります。本書では筆者の好みもあり、kindを使います。

minikube
https://minikube.sigs.k8s.io/docs/start/
Kubernetes公式チュートリアル[3]で紹介されているツールです。

kind
https://kind.sigs.k8s.io/
マルチノードクラスタを作れるという特徴があります。Docker in DockerといってDockerの環境の中にDockerを立ち上げてクラスタを作っているため、Dockerが必須となります。

k3s
https://k3s.io/
軽量で起動が早いという特徴があります。

---

[3] https://kubernetes.io/docs/tutorials/hello-minikube/

Part

1

つくってみよう
Kubernetes

Chapter

2

Kubernetesクラスタを
つくってみる

クラウドベンダーを利用する

　企業でKubernetesを利用する場合、この選択肢を取ることが多いでしょう。ベンダーごとにできることやセットアップ方法が微妙に異なります。元々企業で導入しているものを利用すると良いでしょう。

Google Kubernetes Engine（GKE）

https://cloud.google.com/kubernetes-engine

Amazon Elastic Kubernetes Service（EKS）

https://aws.amazon.com/jp/eks/

Azure Kubernetes Service（AKS）

https://azure.microsoft.com/en-us/products/kubernetes-service

番外編：ブラウザ利用できる外部サービスを利用する

　ローカル環境やクラウドベンダーを利用してクラスタを立ち上げることが難しいこともあるかもしれません。そのようなケースでは、ブラウザから利用できるKubernetes環境を利用してみるのも手です。ただし、サービスごとに制限がありますので、ご注意ください。

　公式ドキュメントでも紹介されている2つの方法を紹介します。

Play with Kubernetes

https://labs.play-with-k8s.com/

Killercoda

https://killercoda.com/playgrounds/scenario/kubernetes

　ブラウザ版はターミナル入力がやや遅かったり、パソコンのスペックが足りなかったりと、うまく動かないこともあります。

Part
1
つくってみよう
Kubernetes

Chapter
2
Kubernetesクラスタを
つくってみる

2.2 つくって、直す
Kubernetesクラスタを構築して消す

Part
1
つくってみよう
Kubernetes

Chapter
2
Kubernetesクラスタを
つくってみる

ここではKubernetesクラスタの構築を行い、その後クラスタを消します。クラスタの構築方法は2.1.4で紹介したとおりで、どの方法を使っていただいても基本的には問題ありません。本書では、後半でマルチノードクラスタ環境でしか行えないハンズオンがあるため、ここではローカルでマルチノードのクラスタを構築しやすいkindを選択します。

kubectlをインストールする

2.1.2で少しkubectlに触れましたが、Kubernetesクラスタ構築をするにあたって必須ではありません。しかし、Kubernetesクラスタを構築できていることの確認をするためにもkubectlを使えると良いでしょう。

まずはkubectlをインストールしましょう。クラスタと接続するための設定情報はクラスタを構築したら行うので、ここではインストールだけで大丈夫です。

ドキュメント：https://kubernetes.io/docs/tasks/tools/#kubectl

ドキュメントに各種OSのインストール方法が書かれています。自分の環境に合った方法でインストールしてください。

kindをインストールする

まずはkindをインストールしましょう。

ドキュメント：https://kind.sigs.k8s.io/docs/user/quick-start#installation

HomeBrewを利用している方は次のコマンドでインストールできます。

```
brew install kind
```

Part

1

つくってみよう
Kubernetes

Chapter

2

Kubernetesクラスタを
つくってみる

また、以下の条件に当てはまる方はgo installを使用してkindのインストールをすることが
できます。

- Dockerをインストールしている
- Goのバージョン1.16以上をインストールしている

次のコマンドをターミナルで打ってkindをインストールできます。

```
go install sigs.k8s.io/kind@v0.20.0
```

kindをインストールしたことを確認する

`kind version`とターミナルで打ち、インストールが正常に完了したことを確認しましょ
う。次のようにバージョンが出力されればインストール完了です。

実行結果

```
$ kind version
kind v0.20.0 go1.21.5 darwin/arm64
```

Kubernetesクラスタを構築する

kindではDockerHubのkindest/nodeというリポジトリ[4]に上がっている任意のイメージ
を選択して環境を構築できるため、本書では執筆時点で最新バージョンであるkindest/nodeの
v1.29.0を利用します。kindest/node v1.29.0にするため、次のコマンドで最新イメージを使用
します。

```
kind create cluster --image=kindest/node:v1.29.0
```

デフォルトのKubernetesイメージでよければ次のコマンドでクラスタを構築できます。状況
に合わせて使い分けましょう。

---

[4] https://hub.docker.com/r/kindest/node/tags

Part

1

つくってみよう
Kubernetes

Chapter

2

Kubernetesクラスタを
つくってみる

```
kind create cluster
```

次のような出力が得られればクラスタ構築完了です。

実行結果

```
$ kind create cluster --image=kindest/node:v1.29.0
Creating cluster "kind" ...
 ✓ Ensuring node image (kindest/node:v1.29.0) 🖼
 ✓ Preparing nodes 📦
~~~以下略~~~
```

最後にkubectlを利用してクラスタと接続できることを確認しましょう。

```
kubectl cluster-info --context kind-kind
```

実行結果

```
$ kubectl cluster-info --context kind-kind
Kubernetes control plane is running at https://127.0.0.1:49910
CoreDNS is running at https://127.0.0.1:49910/api/v1/namespaces/kube-system/
services/kube-dns:dns/proxy

To further debug and diagnose cluster problems, use 'kubectl cluster-info dump'.
```

　クラスタの情報が出力され、無事 kubectl も Kubernetes クラスタもセットアップが完了して
いることが確認できました。

kubectlのconfig

　今後開発するうえで、kubectlのconfigの場所と、何が書いているかについて知っておくと
良いでしょう。とくに staging/production でクラスタが異なる場合、Kubernetes クラスタの
アップデートでconfig情報を書き換える必要があることなどが考えられる環境で開発している
場合、知っておくと良い知識です。kubectlのconfig情報はhomeディレクトリの.kube/
configに記載されています。

Part

1

つくってみよう
Kubernetes

Chapter

2

Kubernetesクラスタを
つくってみる

```yaml
YAML    ~/.kube/config

apiVersion: v1
clusters:
- context:
    cluster: kind-kind
    user: kind-kind
  name: kind-kind
current-context: kind-kind
kind: Config
preferences: {}
users:
- name: kind-kind
  user:
    client-certificate-data: FMUE9PQotLS0tLUVORCBDRVJUSUZJQ0FURS0tLS0t
Cg==
    client-key-data: LS0tLS1CRUdJTiBSUx3YVM5Qm
```

cconfig情報はほかにも --kubeconfig フラグやKUBECONFIG環境変数を利用して設定することも可能です。参照される順番は1. --kubeconfig 2. $KUBECONFIG 3. ~/.kube/configです。

複数クラスタと接続する必要がある場合は、このconfigファイルに複数クラスタの情報が書かれます。「context」と書かれていることに注目してください。クラスタの設定情報ごとに名前のついたコンテキストが作成されます。このコンテキストを切り替えることでクラスタごとに利用するconfigの内容を使い分けます。

例えば、kindで作ったクラスタとの接続確認は kubectl cluster-info --context kind-kindというコマンドを使用しました[5]。--contextオプションで利用するクラスタのコンテキストを指定しています。本書では1つのクラスタしか利用しないため、紹介するコマンドにはいずれも --contextオプションは付けていません。

---

[5] 今回は説明のためにあえてkubectl cluster-info --context kind-kindを実行しましたが、kind create clusterコマンドを実行すると自動で作成したcontextに切り替わるため、実行しなくても新規クラスタに接続できます。

また、`kubectl config use-context`で`--context`オプションを付けないときのデフォルトコンテキストを指定することもできます。複数クラスタを利用している場合、`kubectl config use-context`を毎回打つのも大変なので、Chapter5で紹介するkubectxの利用をおすすめします。

Kubernetesクラスタを消す

作ったクラスタは消しましょう。kindは消すときも簡単で、`kind delete cluster`と打つだけです。

実行結果

```
$ kind delete cluster
Deleting cluster "kind" ...
Deleted nodes: ["kind-control-plane"]
```

Chapter

3

全体像の説明

　Chapter4から本格的な説明とハンズオンに入りますが、その前に本書の全体の流れを説明します。すぐに手を動かしたい方、本編に入りたい方はこのChapterを飛ばしていただいて構いません。このChapterは「これからこの本をとおしてどのようなことが学べるか、どのような説明が書かれているのか」を解説することで、「結局、私は今どの地点にいるんだっけ？」と迷子にならないようにすることを目的としています。

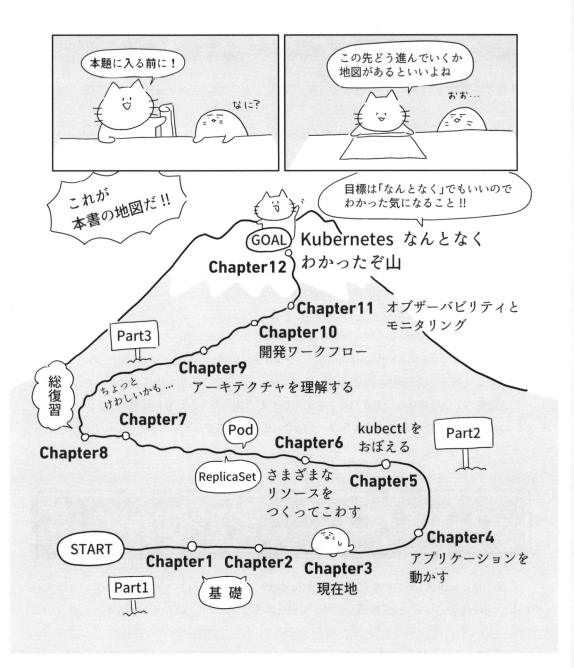

3.1　学習の流れ

本書では3つのパートに分かれています。

- **Part 1**：すでにPart 1を終えてこのChapterにたどり着いているかと思います。Part 1では基礎的な知識と環境構築を行います。
- **Part 2**：一番ページ数も多く、Kubernetesを扱ううえで大事なことを詰め込んだパートになります。本書のタイトルは「つくって、壊して、直して学ぶKubernetes入門」ですが、Chapter5でトラブルシューティングの方法を一通り説明します。その後、各リソースの説明→リソースを使ってアプリケーションを壊してみる（アプリケーションに疎通できない、リソースが作成できない）、という流れになっています。Chapter8ではこれまでの総復習になっているため、Kubernetesに慣れている方はまずChapter8で腕試しをしてみるのも面白いでしょう。
- **Part 3**：Kubernetesのリソースを作成して壊す、というところから少しステップアップしたChapterになります。Kubernetesのアーキテクチャの説明から始まり、実際の開発フローや運用を見据えた説明内容になります。Kubernetesクラスタの利用規模が小さい場合や、個人で使っている場合は参考程度にとどめていただく内容が多いかもしれません。Chapter12は本書を読み終えた後の参考書籍などを紹介していますので、ぜひ目を通してみてください。

3.2　使用するアプリケーションについて

本書ではChapter1で説明した自作のhello-serverを使ってハンズオンを進めていきます。hello-serverを少しずつ機能拡張したり、変更を加えたりしながら進めていきます。

アプリケーションはGoで書かれています。Goをはじめて触る方にはわかりづらいかもしれませんので、ここで少し簡単に解説します。

Go　chapter-01/hello-server/main.go

```go
package main

import (
    "fmt"
    "log"
    "net/http"
)

func main() {
    http.HandleFunc("/", func(w http.ResponseWriter, r *http.Request) { --- ❶
            fmt.Fprintf(w, "Hello, world!")
    })

    log.Println("Starting server on port 8080") --- ❷
    err := http.ListenAndServe(":8080", nil) --- ❸
    if err != nil {
            log.Fatal(err)
    }
}
```

❶ "/"で始まるパスへのリクエストを受け付けます。ここではfmt.Fprintf(w, "Hello, world!")と書かれているように、"Hello, world!"を出力します。

❷ ログにサーバを開始することを出力します。ハンズオンではこのログが出力されているかどうかを確認することがあります。

❸ 8080番ポートでhttpサーバを開始します。

　こちらのコードをベースに、ハンズオンが進むごとに少しずつ改良されたDockerイメージを使っていきます。タグの値がその都度変わっていくので、間違えないようにしましょう。

Chapter

4

アプリケーションを
Kubernetesクラスタ上につくる

Kubernetesのクラスタを構築することができました。では、アプリケーション
をどのように動かせば良いでしょうか？　このChapterでは「なんとなくでも
動かせる」状態から始めるために、手を動かすための最短の方法を説明していき
ます。

Part
1
つくってみよう
Kubernetes

Chapter
4
アプリケーションを
Kubernetesクラスタ上につくる

Part

1

つくってみよう
Kubernetes

Chapter

4

アプリケーションを
Kubernetesクラスタ上につくる

4.1 Kubernetesクラスタ上に アプリケーションを動作させよう

4.1.1 リソースの仕様をあらわすマニフェスト

Kubernetes上にアプリケーションを動作させるための1つの手段として、マニフェストを利用する方法があります。マニフェストは通常 `.yaml`/`.yml` を拡張子とするYAML形式のファイルとなっており、ファイルには動作させたいリソースの"仕様"を書きます。

仕様とは、例えば「NGINXというコンテナを動作させたい」などです。YAML形式以外でもJSON形式で書くことも可能です。具体的にマニフェストに書く内容を見ていきましょう。

YAML　chapter-04/nginx.yaml

```yaml
apiVersion: v1
kind: Pod
metadata:
  name: nginx
spec:
  containers:
  - name: nginx
    image: nginx:1.25.3
    ports:
    - containerPort: 80
```

この時点ではまだ細かいところは理解できていなくて大丈夫です。ここで大事なのは「KubernetesではマニフェストというYAMLファイルを使ってコンテナを起動する」ということです。

はじめのうちはマニフェストをコピペで動かして問題ありません。そのうち「コピペでやったのに動かない」「動いていたはずのものがいつの間にか動かなくなった」などの壁に当たることでしょう。本書では動かなくなったアプリケーションを動かす方法で学習を進めていきますので、そんな壁に当たってもご安心ください。

［4.1.1 リソースの仕様をあらわすマニフェスト］で紹介したnginx.yamlのようにアプリケーションを動作させるためのマニフェストを作成したとします。このマニフェストを使ってアプリケーションを起動するためにはChapter2で利用した「kubectl」を使う必要があります。kubectlを利用してKubernetesクラスタと通信することで、Kubernetes上にアプリケーションのコンテナを起動することができます。

4.1.2　コンテナを起動するための最小構成リソース：Pod

では、手を動かす前にPodというリソースについて説明します。コンテナを起動するためのKubernetesリソースにはさまざまな種類がありますが、最小構成単位としてPodというリソースがあります。先ほど利用したマニフェストをもう一度見てみましょう。

YAML

```yaml
apiVersion: v1
kind: Pod
metadata:
  name: nginx
spec:
  containers:
  - name: nginx
    image: nginx:1.25.3
    ports:
    - containerPort: 80
```

こちらがPodリソースを作成するためのマニフェストです。

Part
1
つくってみよう
Kubernetes

Chapter
4
アプリケーションを
Kubernetesクラスタ上につくる

今回はコンテナを1つしか指定していませんが、Podは複数コンテナをまとめて起動できます。例えばAというサービスと、ログを転送するサービスがあったときに、これらは1つのPodとして起動することが多いです（一般的に、このようにメインのサービスに付属するようなプログラムを「サイドカー」と呼びます）。

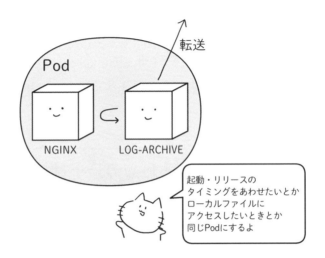

今回使用したマニフェストは簡単なものですが、Podのマニフェストでもさまざまな設定をすることができます。マニフェストに何を指定できるかはKubernetes API Reference（https://kubernetes.io/docs/reference/generated/kubernetes-api/v1.29/）をご参照ください。

4.1.3　リソースを作成するための場所：Namespace

Podを作成するにあたって、重要な概念に"Namespace"というものがあります。Kubernetesにおいて、Namespaceは単一クラスタ内のリソース群を分離するメカニズムを提供します。例えば、リソースの名前はNamespace内で一意である必要がありますが、Namespace間では一意である必要はありません。また、Namespaceごとに権限を分けることもできます。

Part

1

つくってみよう
Kubernetes

Chapter

4

アプリケーションを
Kubernetesクラスタ上につくる

このように、あるまとまった単位でリソースをまとめたい要件があるときにNamespaceを使います。すべてのリソースがNamespaceを利用できるわけではなく、例えばクラスタワイドに作成するリソース（例：Node）はNamespaceの適用範囲外です。

このChapterでのハンズオンではデフォルトで作成されるdefault Namespaceを利用することにします。一般的な本番運用環境ではdefault Namespaceを利用することはほとんどありません。

また、kube-system Namespaceについても覚えておくと良いです。[2.1.3 Kubernetesのアーキテクチャ概要]でも説明したControl PlaneやWorker Nodeで起動するKubernetesのシステムコンポーネントのPodが利用するNamespaceです。クラスタを起動した状態でkube-system namespaceのPodを確認すると、いくつかPodが起動していることがわかります。

```bash
$ kubectl get pod --namespace kube-system
NAME                                            READY   STATUS    RESTARTS   AGE
coredns-5dd5756b68-lvj9k                        1/1     Running   0          16d
coredns-5dd5756b68-ndmfv                        1/1     Running   0          16d
etcd-kind-control-plane                         1/1     Running   0          16d
kindnet-p7bj5                                   1/1     Running   0          16d
kube-apiserver-kind-control-plane               1/1     Running   0          16d
kube-controller-manager-kind-control-plane 1/1   Running   0          16d
kube-proxy-sz5k5                                1/1     Running   0          16d
kube-scheduler-kind-control-plane               1/1     Running   0          16d
```

Part
1
つくってみよう
Kubernetes

Chapter
4
アプリケーションを
Kubernetesクラスタ上につくる

4.2 つくる Podを動かしてみよう

```
apiVersion: v1
kind: Pod
metadata:
  name: myapp
  labels:
    app: myapp
spec:
  containers:
  - name: hello-server
    image: blux2/hello-server:1.0
    ports:
    - containerPort: 8080
```

4.2.1 準備：Podを作成する前に Kubernetesクラスタの起動を確認しよう

はじめてのKubernetesリソースの作成ということで、ここではあえてKubernetesクラスタの起動確認ステップを入れています。以降このステップの説明はしませんが、久しぶりにKubernetesを触るときなどは確認するようにしましょう（私はよくクラスタを消したことを忘れて「壊れた！」とビックリしてしまいます）。

Podを作成する前にクラスタが起動できているか、kubectlを利用できるか、まずは確認してみましょう。

`kubectl get nodes`を打ってみましょう。期待する出力結果は次のとおりです。

実行結果

```
$ kubectl get nodes
NAME                   STATUS    ROLES           AGE      VERSION
kind-control-plane     Ready     control-plane   8m43s    v1.29.0
```

クラスタが構築できていない場合はエラーが返ってきます。Chapter2に戻ってクラスタを構築し直しましょう。kindを利用していれば次のようにクラスタの存在を確認できます。

`kind get clusters`

実行結果

```
$ kind get clusters
kind
```

※デフォルトで作成されるクラスタ名がkindです。

では、早速順を追ってコンテナを動かしてみましょう。

Part

1

つくってみよう
Kubernetes

Chapter

4

アプリケーションを
Kubernetesクラスタ上につくる

4.2.2 マニフェストを利用してみよう

今回利用するマニフェストは次のとおりです。chapter-04/myapp.yamlを利用します。

YAML   chapter-04/myapp.yaml

```yaml
apiVersion: v1
kind: Pod
metadata:
  name: myapp
  labels:
    app: myapp
spec:
  containers:
  - name: hello-server
    image: blux2/hello-server:1.0
    ports:
    - containerPort: 8080
```

今回のハンズオン用アプリケーションのコンテナイメージを指定しているだけで、ほかは
chapter-04/nginx.yamlとほとんど変わりません。一点だけ異なるのは、namespaceを指定
していることです。

4.2.3 マニフェストをKubernetesクラスタに適用してみよう

`kubectl apply --filename <ファイル名>` でKubernetesクラスタ上にリソースを
作成できます。まずはPodが存在しないことを確認しましょう。

```
kubectl get pod --namespace default
```

Part

1

つくってみよう
Kubernetes

Chapter

4

アプリケーションを
Kubernetesクラスタ上につくる

実行結果

```
$ kubectl get pod --namespace default
No resources found in default namespace.
```

つづいて、マニフェストを適用します。

```
kubectl apply --filename chapter-04/myapp.yaml --namespace default
```

実行結果

```
$ kubectl apply --filename chapter-04/myapp.yaml --namespace default
pod/myapp created
```

Podが作成できていることを確認しましょう。

```
kubectl get pod --namespace default
```

実行結果

```
$ kubectl get pod --namespace default
NAME      READY   STATUS    RESTARTS   AGE
myapp     1/1     Running   0          61s
```

　STATUSがRunningになっていることが確認できていればPodの作成完了です。STATUSが
ContainerCreatingなど、Running以外が表示されたとしても、しばらく待っていれば
Runningになるはずです。PodがRunningになったでしょうか?

　おめでとうございます!　これでKubernetes使いの一歩を踏み出しましたね。

Part

1

つくってみよう
Kubernetes

Chapter

4

アプリケーションを
Kubernetesクラスタ上につくる

コラム なぜ kubectl run ではないのか

dockerのときはdocker runだったのに、今回はなぜkubectl runではないのかと疑問に思う方もいるかもしれません。実際kubectl runというコマンドは存在しますし、次のコマンドを利用してコンテナを起動することもできます。

```
kubectl run myapp2 --image=blux2/hello-server:1.0 --namespace default
```

実行結果

```
$ kubectl run myapp2 --image=blux2/hello-server:1.0 --namespace default
pod/myapp2 created
```

Podが作成できていることを確認しましょう。

```
kubectl get pod --namespace default
```

実行結果

```
$ kubectl get pod --namespace default
NAME       READY    STATUS     RESTARTS     AGE
myapp      1/1      Running    0            7m22s
myapp2     1/1      Running    0            6s
```

kubectl runは非常に便利で、dockerコマンドに慣れていると、こちらの方がしっくりくるかもしれません。しかし、kubectl runよりもkubectl applyの利用を推奨します。理由は次のとおりです。

- マニフェストがあった方が変更の差分が参照できる
- kubectl runはPodの冗長化などの高度な設定には使えない

逆にkubectl runは一時的なPodの利用（とくにデバッグ時）に使われることが多いです。kubectl runを利用したデバッグ方法については次のChapterで詳しく解説します。

Part

2

アプリケーションを
壊して学ぶKubernetes

ではいよいよアプリケーションを壊して直してみましょう。
Kubernetesにはさまざまなリソースがあり、リソースごとに特徴、
壊し方、直し方があります。Part 2は手を動かすパートが多く、時
間がかかるかもしれません。ゆっくりで良いので、一つひとつ理解
していきましょう！

Chapter

5

トラブルシューティングガイドと
kubectlコマンドの使い方

「壊れた！困った！」というときにまずはログを見たいと思うものでしょうが、
Kubernetesはリソースを作成する特徴上、「リソースの作成に失敗している」「依
存する別のリソースが動いていない」など、障害ポイントは多岐にわたります。
Kubernetesの触り始めや運用の知見が蓄積されていないうちはKubernetesの
リソースのつくり方や使い方を間違えて障害が起こることも多いでしょう。そん
なとき、kubectlを使ってKubernetesの調査ができると、さまざまな状況でト
ラブルシューティングを可能にしてくれます。全部のコマンドに目を通して覚え
る必要はありません。先に[5.6 [直す] デバッグしてみよう]、から取り掛かっ
た後でkubectlの紹介を読んでみるのも良いでしょう（とにかく手を動かした
い！　という方はこちらの方がおすすめです）。

Part

2

アプリケーションを
壊して学ぶKubernetes

Chapter

5

トラブルシューティングガイドと
kubectlコマンドの使い方

5.1　トラブルシューティングガイド

ここではトラブルシューティングを行ううえで参考となるフロー図をご紹介します。この図に登場する kubectl コマンドを使えるように、この Chapter の後半で kubectl コマンドの説明をします。

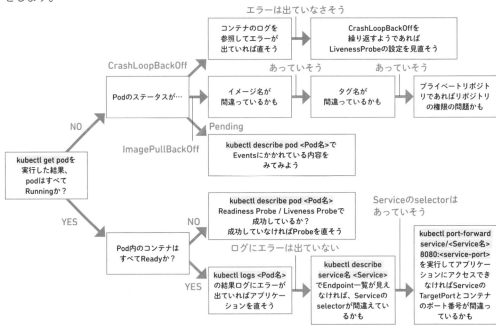

5.1.1　トラブルシューティングに役立つPodのSTATUSカラム

kubectl get pod で得られる STATUS カラムにはトラブルシューティング時に役立つ情報が出力されます。代表的な STATUS を知っておくことで、この先のトラブルシューティングに役立てましょう。

正常な STATUS 以外の状態が長く続く場合や、状態が短時間で切り替わり続けるようなケースでは異常が起きていると考えられます。

```
┌─ ターミナル ──────────────────────────────────────────
│
│ $ kubectl get pods --namespace default
│ NAME      READY    STATUS      RESTARTS    AGE
│ myapp     1/1      Running     0           24m
│ myapp2    1/1      Running     0           23m
│                      ┊
│                 ┌──────────────┐
│                 │  STATUSカラム  │
│                 └──────────────┘
```

それぞれのメッセージと、その意味を記載します。

Pending	Kubernetes クラスタからはPodの作成は許可されたものの、1つ以上のコンテナが準備中であることを意味しています。Pod起動直後にこのSTATUSが表示されることがありますが、長時間このSTATUSである場合は異常を疑いましょう。Podの Eventsを参照し、ヒントが書かれていないか確認しましょう
Running	Podがノードにスケジュールされ、すべてのコンテナが作成された状態です。少なくとも1つのコンテナがまだ実行中、起動または再起動のプロセス中です。常時起動が想定されるPodであれば正常なSTATUSです
Completed	Pod内のすべてのコンテナが完了した状態です。再起動はされません
Unknown	何らかの理由でPodの状態を取得できなかったことを表しています。このSTATUSは通常、Podが実行されるべきノードとの通信エラーが原因で発生します
ErrImagePull	Imageの取得に失敗したことを表しています。PodのEventsを参照し、ヒントが書かれていないか確認しましょう
Error	コンテナが異常終了したことを表しています。Podのログを参照し、ヒントが書かれていないか確認しましょう
OOMKilled	コンテナがOut Of Memory（OOM）で終了したことを表しています。Podの使用リソースを増やしましょう
Terminating	Podが削除中の状態を表しています。Terminatingを繰り返す場合は異常と考えましょう。PodのEventsを参照し、ヒントが書かれていないか確認しましょう

Part 2 アプリケーションを壊して学ぶKubernetes

Chapter 5 トラブルシューティングガイドとkubectlコマンドの使い方

5.2 現状を把握するために kubectlコマンドを使ってみよう

　ここではよく使う`kubectl`コマンドをご紹介します。Chapter4までで作ったKubernetes クラスタを用意しておいてください。もう消してしまったよ、という方は以下のコマンドで環境 をすぐに作ることができます。

```
kind create cluster --image=kindest/node:v1.29.0
```

　何か問題が起こったときに、まずは現状を把握する必要がありますよね。ここで紹介するコマ ンドは参照系の操作なので、本番環境で気軽に実行してもらっても大丈夫です。困ったら、とに かくさまざまなリソースに対して実行してみてください。

　以降の説明ではChapter4で作ったPodが存在する前提で進めますので、Podを消してしまっ た方は次のコマンドでPodを作成してください。

```
kubectl apply --filename chapter-04/myapp.yaml
kubectl run myapp2 --image=blux2/hello-server:1.0 --namespace default
```

Part
2
アプリケーションを
壊して学ぶKubernetes

Chapter
5
トラブルシューティングガイドと
kubectlコマンドの使い方

5.2.1　リソースを取得する：kubectl get

```
kubectl get pod --namespace default
```

リソースの情報を取得することがトラブルシューティングの第一手です。すでにハンズオンで登場していますが、kubectl get <リソース名>を実行することでリソースの情報を取得できます。

また、--namespace(-n)オプションを利用することでNamespaceを指定してコマンドを実行できます。Namespaceとは、単一のクラスタ内のリソース群を分離するために使うリソースです。通常Namespaceリソースを作成する必要がありますが、defaultという名前のNamespaceはクラスタ作成時に自動で作成されます。本書では基本的にdefaultのNamespaceを使用します。--namespaceオプションは省略できますが、わかりやすさのため本書ではすべてのコマンドに--namespaceオプションをつけます。

Podが複数ある場合は次のように一覧で出力されます。

実行結果

```
$ kubectl get pod --namespace default
NAME      READY    STATUS     RESTARTS    AGE
myapp     1/1      Running    0           91m
myapp2    1/1      Running    0           91m
```

リソース名を指定して、特定のリソース情報のみ取得することも可能です。

```
kubectl get pod <Pod名> --namespace default
```

実行結果

```
$ kubectl get pod myapp --namespace default
NAME      READY    STATUS     RESTARTS    AGE
myapp     1/1      Running    0           92m
```

`--output(-o)`オプションはよく使うので覚えておくと良いです。取得したリソースの情報をさまざまな方法で出力することができます。

IPアドレスやNode情報が取得できる`--output wide`

```
kubectl get pod --output wide --namespace default
```

Part
2
アプリケーションを
壊して学ぶKubernetes

Chapter
5
トラブルシューティングガイドと
kubectlコマンドの使い方

実行結果

```
$ kubectl get pod --output wide --namespace default
NAME       READY     STATUS      RESTARTS  AGE     IP            NODE
↵ NOMINATED  NODE        READINESS   GATES
myapp      1/1       Running     0         96m     10.244.0.5    kind-control-
↵ plane      <none>      <none>
myapp2     1/1       Running     0         89m     10.244.0.6    kind-control-
↵ plane      <none>      <none>
```

YAMLファイル形式でリソースの情報を取得する`--output yaml`

実行結果

```
$ kubectl get pod myapp --output yaml --namespace default
apiVersion: v1
kind: Pod
metadata:
  annotations:
    kubectl.kubernetes.io/last-applied-configuration: |
      {"apiVersion":"v1","kind":"Pod","metadata":{"annotations":{},"name":"my
app","namespace":"
↵ default"},"spec":{"containers":[{"image":"blux2/hello-
↵ server:1.0","name":"hello-server","ports":[{"containerPo
↵ rt":8080}]}]}}
  creationTimestamp: "2023-10-30T12:59:52Z"
  name: myapp
  namespace: default
  resourceVersion: "342736"
  uid: 9e6f6958-de19-4f26-b90f-996f01ed7af5
spec:
```

→ 次ページへ

```
  containers:
  - image: blux2/hello-server:1.0
    imagePullPolicy: IfNotPresent
    name: hello-server
    ports:
    - containerPort: 8080
      protocol: TCP
〜〜〜以下略〜〜〜
```

このコマンドはほかのコマンドと合わせて使うことがあるので覚えておいてください。例えば `kubectl get <リソース名> --output yaml | less`を実行すると、`less`コマンド（テキストを表示するコマンド）上でYAMLファイルを開き、キーとなる文字列を検索できます。

実際にKubernetesクラスタが認識しているKuberenetesオブジェクトの内容を参照することで、自分がapplyしたマニフェストとの差分を見ることもできます。これが`kubectl run`ではなく`kubectl apply`を利用する理由の1つでもあります。では、実際にやってみましょう。

```
kubectl get pod myapp --output yaml --namespace default > pod.yaml
```

実行結果

```
$ kubectl get pod myapp --output yaml --namespace default > pod.yaml
```

では`diff`コマンドで適用時に利用したファイルとの差分を参照しましょう。

```
diff pod.yaml chapter-04/myapp.yaml
```

実行結果

```
$  diff pod.yaml chapter-04/myapp.yaml
4,7d3
<   annotations:
<     kubectl.kubernetes.io/last-applied-configuration: |
<       {"apiVersion":"v1","kind":"Pod","metadata":{"annotations":{},"name":"
myapp","namespace":"
```

➡ 次ページへ

Part
2
アプリケーションを
壊して学ぶKubernetes

Chapter
5
トラブルシューティングガイドと
kubectlコマンドの使い方

```
↵ default"},"spec":{"containers":[{"image":"blux2/hello-
↵ server:1.0","name":"hello-server","ports":[{"containerPort":8080}]}]}}
<    creationTimestamp: "2023-10-30T12:59:52Z"
9,11d4
<    namespace: default
<    resourceVersion: "342736"
<    uid: 9e6f6958-de19-4f26-b90f-996f01ed7af5
14,16c7,8
<    - image: blux2/hello-server:1.0
<      imagePullPolicy: IfNotPresent
<      name: hello-server
---
>    - name: hello-server
>      image: blux2/hello-server:1.0
19,102d10
<        protocol: TCP
<      resources: {}
~~~~以下略~~~~
```

　たくさんdiffが出ましたね。なぜでしょうか？　実はKubernetesではリソースを運用していくにあたって、`kubectl apply`で使用したマニフェストに書かれていることよりも多くの情報が必要となります。マニフェストにはあくまでもリソースに必須の内容、および人間が宣言的に指定したい内容のみ記載します。Kubernetesの仕組みとして自動的にさまざまな情報（Statusや内部用IDなど）をリソースに付与するため、`--output yaml`を実行するとマニフェストにはない情報がたくさん出てきます。

--output(-o)でjsonpathでフィールドを指定してgetする

```
kubectl get pod <Pod名> --output jsonpath='{.spec.containers[].image}'
```

　マニフェストをJSON形式で出力し、欲しい情報を取得するためにこのオプションを使うことができます。

Part
2
アプリケーションを
壊して学ぶKubernetes

Chapter
5
トラブルシューティングガイドと
kubectlコマンドの使い方

実行結果

```
$ kubectl get pod myapp --output jsonpath='{.spec.containers[].image}'
↵ --namespace default
blux2/hello-server:1.0
```

jqというJSON変換ツールを使い慣れている方であれば、`--output json`と組み合わせても同じことができます。お好みで使い分けてください。

bash

```
$ kubectl get pod myapp --output json --namespace default | jq '.spec.
↵ containers[].image'
"blux2/hello-server:1.0"
```

--vでkubectlの出力結果のログレベルを変更する

`kubectl get pod <Pod名> --v=<ログレベル>`

ログレベルを変更することはめったにありませんが、知っておくと便利です。ここでは1つ面白い例を紹介します。Chapter2で「アプリケーションサーバであるkube-apiserver」を紹介しましたが、「kubectlとkube-apiserverがクライアントとAPI Serverである」ということがわかりやすいログレベル、`--v=7`を使ってみましょう。

実行結果

```
$ kubectl get pod myapp --v=7 --namespace default
I1030 23:02:05.352733   31471 loader.go:373] Config loaded from file:  /
↵ Users/aoi/.kube/config
I1030 23:02:05.355249   31471 round_trippers.go:463] GET
↵ https://127.0.0.1:63656/api/v1/namespaces/default/pod/myapp
I1030 23:02:05.355257   31471 round_trippers.go:469] Request Headers:
I1030 23:02:05.355262   31471 round_trippers.go:473]     Accept:
↵ application/json;as=Table;v=v1;g=meta.k8s.io,application/
json;as=Table;v=v1beta1;g=meta.k8s.io,application/json
I1030 23:02:05.355266   31471 round_trippers.go:473]     User-Agent:
↵ kubectl/v1.29.0 (darwin/arm64) kubernetes/3f7a50f
```

(→) 次ページへ

085

⬇ 前ページのつづき

```
I1030 23:02:05.370644   31471 round_trippers.go:574] Response Status:
↵ 200 OK in 15 milliseconds
NAME     READY   STATUS     RESTARTS   AGE
myapp    1/1     Running    0          62m
```

RESTのリクエスト（GET）やヘッダーが参照できるでしょう。ほかのログレベルと意味は公式ドキュメント※1をご参考ください。

5.2.2　リソースの詳細を取得する：kubectl describe

```
kubectl describe pod <Pod名>
```

kubectl getより詳しい情報が欲しい場合kubectl describeを利用しましょう。とくにEventsの内容はトラブルシューティング時に役立ちます（ただし、Eventsは一定時間で消えてしまいます）。

実行結果

```
$ kubectl describe pod myapp --namespace default
Name:              myapp
Namespace:         default
Priority:          0
Service Account:   default
Node:              kind-control-plane/172.18.0.2
Start Time:        Mon, 30 Oct 2023 21:59:52 +0900
Labels:            <none>
Annotations:       <none>
Status:            Running
～～～以下略～～～
QoS Class:                BestEffort
Node-Selectors:           <none>
Tolerations:              node.kubernetes.io/not-ready:NoExecute
↵ op=Exists for 300s

                          node.kubernetes.io/unreachable:NoExecute
↵ op=Exists for 300s
Events:                   <none>
```

※1　https://kubernetes.io/docs/reference/kubectl/cheatsheet/#kubectl-output-verbosity-and-debugging

Part
2
アプリケーションを
壊して学ぶKubernetes

Chapter
5
トラブルシューティングガイドと
kubectlコマンドの使い方

5.2.3 コンテナのログを取得する：kubectl logs

コンテナのログの取得はkubectl logsで行います。kubectl get logsとしたくなりますが、logsはリソースではなくサブコマンドなのでgetを指定することはできません。また、ここで出力されるログは標準出力のログになります。

特定のPodのログを参照する

kubectl logs <Pod名>

一番オーソドックスな使い方です。kubectl get podでPod名を取得した後kubectl logs <Pod名>でPodのログを参照できます。

> 実行結果

```
$ kubectl logs myapp --namespace default
2023/10/30 12:59:52 Starting server on port 8080
```

複数コンテナがPod内に存在する場合は、--container(-c)オプションを利用してコンテナも指定しましょう。

> bash

```
$ kubectl logs myapp --container hello-server --namespace default
2023/10/30 12:59:52 Starting server on port 8080
```

この例ではコンテナが1つしか存在しないので、コンテナを指定していないときと出力結果が同じになります。

Part
2
アプリケーションを
壊して学ぶKubernetes

Chapter
5
トラブルシューティングガイドと
kubectlコマンドの使い方

特定のDeploymentにひもづくPodのログを参照する

```
kubectl logs deploy/<Deployment名>
```

Deployment（Chapter6で詳しく説明します）というリソースを利用してPodを複製できますが、その場合Pod名がランダムで生成されます。ランダムなPod名を取得するために毎回`kubectl get pod`を実行するのは大変ですよね。そういうときにこのコマンドで、DeploymentにひもづくすべてのPodのログを参照できます。複数Podを運用しているアプリケーションに関して「ユーザーからのアクセスがどのPodに対して行われるかがわからない」といったケースで活用可能です。

まだDeploymentのリソースを作成していないため、ここでは実行例を載せておきます。

実行結果

```
$ kubectl logs deploy/hello-server
Found 3 pods, using pod/hello-server-574c9c6c7b-z5szn
2023/10/03 22:50:06 Starting server on port 8080
```

ログに関してはkubectlを利用する以外にも、後述するsternというツールを利用するのも便利です。

ラベルを指定して参照するPodを絞り込む

```
kubectl get pod --selector(-l) <labelのキー名>=<labelの値>
```

Deployment以外の理由でPodの参照を絞り込みたいことがあるかもしれません。同じラベルを利用していれば、ラベルを指定してPodを参照できます。今回は、app:myappラベルがついているPodを1つ追加します。

```
kubectl apply --filename chapter-05/myapp-label.yaml
```

実行結果

```
$ kubectl apply --filename chapter-05/myapp-label.yaml
pod/myapp3 created
```

Part

2

アプリケーションを
壊して学ぶKubernetes

Chapter

5

トラブルシューティングガイドと
kubectlコマンドの使い方

myappとmyapp3にはapp:myappのラベルがついており、myapp2にはラベルが何もつい
ていません。まずはラベルで絞り込まずにPodを参照します。

kubectl get pod --namespace default

実行結果

```
$ kubectl get pod --namespace default
NAME      READY   STATUS    RESTARTS   AGE
myapp     1/1     Running   0          121m
myapp2    1/1     Running   0          120m
myapp3    1/1     Running   0          3s
```

　つづいて、ラベルを指定して参照するPodを絞り込みます。

kubectl get pod --selector app=myapp

実行結果

```
$ kubectl get pod --selector app=myapp
NAME      READY   STATUS    RESTARTS   AGE
myapp     1/1     Running   0          123m
myapp3    1/1     Running   0          2m8s
```

　同様にログもラベルを指定して複数のPodを参照できます。

kubectl logs --selector app=myapp

実行結果

```
$ kubectl logs --selector app=myapp
2023/10/30 12:59:52 Starting server on port 8080
2023/10/30 01:13:49 Starting server on port 8080
```

　時刻の異なるログが2つ表示されました。myapp3は後から作ったので、少し後の時間になっ
ていることがわかります。

Part

2

アプリケーションを
壊して学ぶKubernetes

Chapter

5

トラブルシューティングガイドと
kubectlコマンドの使い方

5.3　詳細な情報を取得する kubectlコマンドを使ってみよう

　参照系のコマンドでは情報が足りない場合、このSectionで紹介するコマンドが役に立ちます。ただし、これらのコマンドは参照系よりも権限が必要な場合があるため、どんな環境でも実行できるとは限りません。企業でKubernetesを利用している場合、これらのコマンドが実行可能な環境であることを先に確かめてください。

5.3.1　デバッグ用のサイドカーコンテナを立ち上げる： kubectl debug

```
kubectl debug --stdin --tty <デバッグ対象Pod名> --image=<デバッグ用
コンテナのimage> --target=<デバッグ対象のコンテナ名>
```

　こちらはKubernetes 1.25からStable[2]になった機能です。そのため、1.25よりも古い環境では利用できない、もしくは利用するために設定が必要になります。

　コンテナは起動を早くするために軽量化したり、セキュリティリスクを低減するためにアプリケーション動作に最低限必要なツールしか同梱していなかったりすることも多いです。結果として、デバッグしたくても必要なツールが入っていないどころかシェルすら入っておらず、何もできないというのは最初の頃につまずくポイントです。

　そこでデバッグ用コンテナを起動することで、多様なデバッグツールを利用できるようになります。デバッグ用コンテナのイメージは任意のイメージを指定できるので、自分用カスタムコンテナイメージを作っても良いでしょう。

※2　Stableとは何か？　については［コラム：Kubernetes Feature Stateについて］で詳しく説明します。

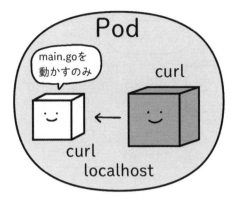

次のコマンドでcurlのデバッグ用コンテナを立ち上げ、myappのローカルホストに接続してみましょう。

```
kubectl debug --stdin --tty myapp --image=curlimages/
curl:8.4.0 --target=hello-server --namespace default -- sh
```

shellが立ち上がったら次のコマンドを実行します。

```
curl localhost:8080
```

実行結果

```
$ kubectl debug --stdin --tty myapp --image=curlimages/curl:8.4.0
↵ --target=hello-server --namespace default -- sh
Targeting container "hello-server". If you don't see processes from this
container it may be because the container runtime doesn't support this feature.
Defaulting debug container name to debugger-2k2z2.
If you don't see a command prompt, try pressing enter.
$$ curl localhost:8080
Hello, world!
```

デバッグ対象のPodと同じネットワーク、同じボリュームをそれぞれローカルネットワーク、ローカルボリュームとして参照でき、非常に便利です。とくにネットワークの問題は障害の分岐点が多いため、まずはローカルで接続可能か確認する、といった使い方ができます。

Part
2
アプリケーションを
壊して学ぶKubernetes

Chapter
5
トラブルシューティングガイドと
kubectlコマンドの使い方

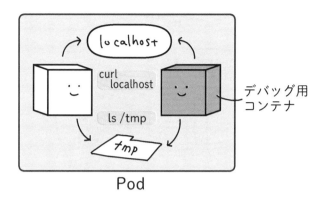

Pod

5.3.2　コンテナを即座に実行する : kubectl run

```
kubectl run <Pod名> --image=<イメージ名>
```

　kubectl debugの登場以前、クラスタ内からアクセスするためには、デバッグ用Podを起動する必要がありました。例えば、次のように利用します。

```
kubectl --namespace default run busybox --image=busybox:1.36.1
--rm  --stdin --tty --restart=Never --command -- nslookup
google.com
```

　このコマンドはbusyboxというPodを起動し、nslookupコマンドを実行したら終了します。

実行結果

```
$ kubectl --namespace default run busybox --image=busybox:1.36.1 --rm
↵ --stdin --tty --restart=Never --command -- nslookup google.com
Server:        10.96.0.10
Address:       10.96.0.10:53

Non-authoritative answer:
Name:   google.com
Address: 2404:6800:4004:823::200e
```

→ 次ページへ

実行結果

```
Non-authoritative answer:
Name:    google.com
Address: 172.217.175.46

pod "busybox" deleted
```

各オプションについて説明しましょう。

--rm：実行が完了したらPodを削除する

-stdin(-i)：オプションで標準入力に渡す

--tty(-t)：オプションで疑似端末を割り当てる

--restart=Never：Podの再起動ポリシーをNeverに設定する。コンテナが終了しても再起動を行わない。デフォルトでは常に再起動する、というポリシーのため、今回のように一度コマンド実行するときにはこの設定を入れる必要がある

--command -- : "--"の後に渡される拡張引数の1つ目が引数ではなくコマンドとして使われる

--stdin と --tty は2つを同時に省略し、-it と書くケースも多いです。

5.3.3　コンテナにログインする：kubectl exec

```
kubectl exec --stdin --tty <Pod名> -- <コマンド名>
```

kubectl execを利用してコンテナ上でコマンドを実行することができます。コマンドには例えば/bin/shを利用すると、コンテナにシェルが入っていれば、直接対象のコンテナにログインできます。しかし、シェルが入っていないことも多いため、どんなPodに対しても使えるわけではありません。前述した kubectl run を利用して立ち上げたdebug用Podにログインして使うという用途もあります。

まずはログイン用のPodを作成しましょう。

```
kubectl --namespace default run curlpod --image=curlimages/
curl:8.4.0 --command -- /bin/sh -c "while true; do sleep infinity; done;"
```

```
$ kubectl --namespace default run curlpod --image=curlimages/
curl:8.4.0 --command -- /bin/sh -c "while true; do sleep initify; done;"
pod/curlpod created
```

次のコマンドでPodが作成できていることを確認しましょう。

```
kubectl get pod --namespace default
```

```
$ kubectl get pod --namespace default
NAME       READY   STATUS    RESTARTS   AGE
curlpod    1/1     Running   0          102s
myapp      1/1     Running   0          2m57s
myapp2     1/1     Running   0          2m49s
myapp3     1/1     Running   0          4s
```

次のコマンドでmyappのIPアドレスを取得しましょう。

```
kubectl get pod myapp --output wide --namespace default
```

```
$ kubectl get pod myapp --output wide --namespace default
NAME    READY    STATUS    RESTARTS    AGE      IP             NODE
↵ NOMINATED NODE    READINESS GATES
myapp   1/1      Running   0           124m     10.244.0.42    kind-control-plane
↵ <none>             <none>
```

Part
2
アプリケーションを
壊して学ぶKubernetes

Chapter
5
トラブルシューティングガイドと
kubectlコマンドの使い方

では、ログイン用Podにログインし、curlを叩いて疎通確認をしてみましょう。

```
kubectl --namespace default exec --stdin --tty curlpod -- /bin/sh
```

ログイン後に疎通を確認します。

```
curl <myapp PodのIP>:8080
```

実行結果

```
$ kubectl --namespace default exec --stdin --tty curlpod -- /bin/sh
$$ curl 10.244.0.42:8080
Hello, world!
```

　例えば、アプリケーションがインターネット上からアクセスできなくなったときに、クラスタ内から上記のようにIPアドレスでアクセスできるか確認することで、問題を切り分けられます。

5.3.4　port-forwardでアプリケーションにアクセス：kubectl port-forward

```
kubectl port-forward <Pod名> <転送先ポート番号>:<転送元ポート番号>
```

　PodにはKubernetesクラスタ内用のIPアドレスが割り当てられます。そのため、何もしないとクラスタ外からのアクセスができません。後述するServiceというリソースを利用することでクラスタ外からアクセス可能にすることはできますが、ここではkubectlを使ってお手軽にアクセスしてみましょう。

```
kubectl port-forward myapp 5555:8080 --namespace default
```

Part
2
アプリケーションを
壊して学ぶKubernetes

Chapter
5
トラブルシューティングガイドと
kubectlコマンドの使い方

```
$ kubectl port-forward myapp 5555:8080 --namespace default
Forwarding from 127.0.0.1:5555 -> 8080
Forwarding from [::1]:5555 -> 8080
```

ここで別のターミナルを開きます。アプリケーションにアクセスしてみましょう。

```
curl localhost:5555
```

実行結果

```
$ curl localhost:5555
Hello, world!
```

操作が終わったらport-forwardのターミナルでCtrl＋Cを押してください。Podが終了するまでport-forwardを実施し続けます。

わかりやすさのために転送元と転送先を別のポート番号で指定していますが、同じポート番号でも問題ありません。転送先ポート番号では、ローカルで使用されていないポート番号を指定するようにしましょう。

転送先ポート番号の指定は省略できます。指定しない場合はローカルのランダムポートが選択されます。

bash

```
$ kubectl port-forward myapp :8080
Forwarding from 127.0.0.1:53744 -> 8080
Forwarding from [::1]:53744 -> 8080
^C% --- Ctrl+Cでいったんport-forwardで中断する
# 先ほどとは異なるポート番号が選択されている
$ kubectl port-forward myapp :8080
Forwarding from 127.0.0.1:53791 -> 8080
Forwarding from [::1]:53791 -> 8080
```

5.4 障害を直すための kubectl コマンドを使ってみよう

　ここからは障害を直すために利用する可能性のあるコマンドを説明していきます。ただし、これらのコマンドは環境に変更を加えるコマンドばかりですので、本番環境では慎重に実行してください。

5.4.1　マニフェストをその場で編集する：kubectl edit

```
kubectl edit <リソース名>
```

　`kubectl edit`でリソースマニフェストを修正できます。`kubectl edit`でマニフェストを簡単に修正できる反面、修正履歴を残しにくいためこの方法は推奨されていません。一刻を争うケース以外では、正規のデプロイ手順を踏んで修正をリリースすることが望ましいです。ローカル環境を使うケースでも、なるべく修正前のマニフェストを保存しておき、修正後のマニフェストをkubectl applyする形が望ましいです。

kubectl edit を多用すると ...

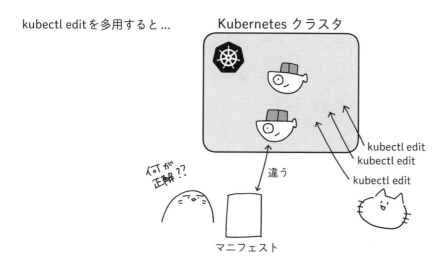

Part
2
アプリケーションを
壊して学ぶKubernetes

Chapter
5
トラブルシューティングガイドと
kubectlコマンドの使い方

次のコマンドを実行するとOSのデフォルトエディタが起動し、マニフェストを修正できるようになります。起動するエディタを変更したい場合、KUBE_EDITOR, EDITORのいずれかの環境変数を指定してください。

```
kubectl edit pod myapp --namespace default
```

```
$ kubectl edit pod myapp --namespace default
# Please edit the object below. Lines beginning with a '#' will be ignored,
# and an empty file will abort the edit. If an error occurs while saving
this file will be
# reopened with the relevant failures.
#
apiVersion: v1
kind: Pod
metadata:
  annotations:
    kubectl.kubernetes.io/last-applied-configuration: |
      {"apiVersion":"v1","kind":"Pod","metadata":{"annotations":{},"labels":{"ap
↵ p":"myapp"},"name":"myapp","namespace":"default"},"spec":{"containers":[{"imag
↵ e":"blux2/hello-server:1.0","name":"hello-
↵ server","ports":[{"containerPort":8080}]}]}}
  creationTimestamp: "2023-10-30T12:59:52Z"
  labels:
    app: myapp
+   env: prod // 追記する
  name: myapp
```

　修正が完了し、ファイルを保存するとターミナルに次のように表示されます。

```
$ kubectl edit pod myapp
pod/myapp edited
```

次のコマンドでPodのマニフェストが書き変わっていることを確認しましょう。

```
kubectl get pod myapp --output yaml --namespace default
```

実行結果

```
$ kubectl get pod myapp --output yaml --namespace default
apiVersion: v1
kind: Pod
metadata:
  annotations:
    kubectl.kubernetes.io/last-applied-configuration: |
      {"apiVersion":"v1","kind":"Pod","metadata":{"annotations":{},"labels":{"app":"
↵ myapp"},"name":"myapp","namespace":"default"},"spec":{"containers":[{"image":"bl
↵ ux2/hello-server:1.0","name":"hello-
↵ server","ports":[{"containerPort":8080}]}]}}
  creationTimestamp: "2023-10-30T12:59:52Z"
  labels:
    app: myapp
    env: prod  --------- 追記されている
～～～以下略～～～
```

5.4.2　リソースを削除する：kubectl delete

指定したリソースを削除するコマンドです。

```
kubectl delete <リソース名>
```

本番環境での削除行為はよっぽどのことがない限り行いたくないものですが、意外と利用する
コマンドです。kubectlには「Podを再起動する」というコマンドがないため、kubectl
deleteコマンドで代替します。

Part
2
アプリケーションを
壊して学ぶKubernetes

Chapter
5
トラブルシューティングガイドと
kubectlコマンドの使い方

[6.2.2 Deployment] で詳しく説明しますが、本番環境でのアプリケーションは通常「Deployment」というリソースを使ってPodを冗長化しています。ある特定のPodだけハングしてしまった、といったときにこのコマンドでPodを削除します。Deploymentを利用していれば自動的に削除したPodが再度作成されるようになるので、Podを削除しても問題ないケースが多いです（正確にはPodを1つ削除してもユーザーへの影響が出ないようにアプリケーションを実装するのがベストプラクティスです）。

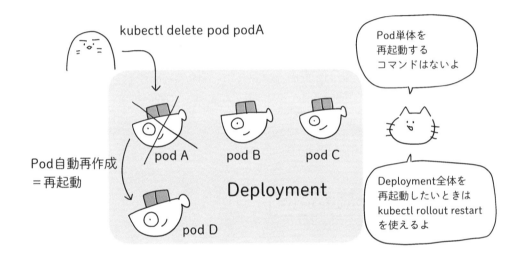

今回はDeploymentを利用していないのでPodが再作成されることはありませんが、試しにコマンドを打ってみましょう。まずは現状のPodの状態を見てみましょう。

```
kubectl get pod --namespace default
```

実行結果

```
$ kubectl get pod --namespace default
NAME        READY    STATUS    RESTARTS    AGE
curlpod     1/1      Running   0           102s
myapp       1/1      Running   0           2m57s
myapp2      1/1      Running   0           2m49s
myapp3      1/1      Running   0           4s
```

Part
2
アプリケーションを
壊して学ぶKubernetes

Chapter
5
トラブルシューティングガイドと
kubectlコマンドの使い方

myappだけ消しましょう。

```
kubectl delete pod myapp --namespace default
kubectl get pod --namespace default
```

実行結果

```
$ kubectl delete pod myapp --namespace default
pod "myapp" deleted
$ kubectl get pod  --namespace default
NAME       READY    STATUS     RESTARTS    AGE
curlpod    1/1      Running    0           3m
myapp2     1/1      Running    0           4m7s
myapp3     1/1      Running    0           82s
```

myappが消えていることがわかります。

Deploymentを利用したPodをすべて順番に再起動したい場合はkubectl deleteよりも kubectl rollout restartを利用する方が良いでしょう。

以上がおすすめkubectlコマンドです。ほかにもたくさんコマンドがあるので、自分で探してみてください。個人的にはkubectl cheat sheet[3]がわかりやすくまとまっていておすすめです。

最後に作成したPodを掃除しましょう。

```
kubectl delete pod curlpod myapp2 myapp3 --namespace default
```

実行結果

```
$ kubectl delete pod curlpod myapp2 myapp3 --namespace default

pod "curlpod" deleted
pod "myapp2" deleted
pod "myapp3" deleted
```

※3 https://kubernetes.io/docs/reference/kubectl/quick-reference/

Kubernetesでは各機能にFeature State（機能のステータス）が付いています。例えば、5.4.1で紹介した機能のドキュメントには、「FEATURE STATE: Kubernetes v1.25 [stable]」と書かれています。

Ephemeral Containers

FEATURE STATE: Kubernetes v1.25 [stable]

This page provides an overview of ephemeral containers: a special type of container that runs temporarily in an existing Pod to accomplish user-initiated actions such as troubleshooting. You use ephemeral containers to inspect services rather than to build applications.

機能のステータスにはそれぞれRelease Stageというものが存在します。Release Stageにはそれぞれ Alpha, Beta, General Availability（GA, またはStable）の3種類があります。正確な定義に関しては公式ドキュメントをご参照いただきたいですが、ここでは簡単に説明します。

Alpha機能	デフォルトでオフとなっている。バグが含まれている可能性があり、機能としてまだ不安定な状態を指す
Beta機能	多くの場合デフォルトでオンとなっているが、互換性のない変更が入る可能性があるためビジネス上深刻なユースケースでは使用しないように、とある
GA	安定している機能である

Kubernetesにはバージョンが新しくなるたびにさまざまな機能のRelease Stageが変更になったり、新機能が追加になったりします。ぜひ、Release Stageを見ながらKubernetesのアップデート情報を追ってみてください[4]。

※4 https://kubernetes.io/docs/reference/command-line-tools-reference/feature-gates/

Part

2

アプリケーションを
壊して学ぶKubernetes

Chapter

5

トラブルシューティングガイドと
kubectlコマンドの使い方

5.5 さらにターミナル操作を便利にする 細かなTips

5.5.1 自動補完を設定する

公式ドキュメントでも紹介されているシェルの自動補完を設定しておくと、kubectl実行時に自動補完をしてくれるため便利です。

https://kubernetes.io/docs/reference/kubectl/cheatsheet/#kubectl-autocomplete

自動補完を設定すると、次のようにkubectlコマンドを自動補完してくれたり、リソース名を補完してくれたりします。

```
kubectl <TAB>
```

実行結果

```
$ kubectl <TAB>
Completing completions
alpha          -- Commands for features in alpha
annotate       -- リソースのアノテーションを更新する
api-resources  -- Print the supported API resources on the server
api-versions   -- Print the supported API versions on the server, in the
↵ form of "group/version"
～～～以下略～～～
```

リソース名を補完します。

```
kubectl get p<TAB>
```

実行結果

```
$ kubectl get p
Completing completions
persistentvolumeclaims                                        pods
prioritylevelconfigurations.flowcontrol.apiserver.k8s.io
persistentvolumes                                             podtemplates
poddisruptionbudgets.policy                                   priorityclasses.
↵ scheduling.k8s.io
```

5.5.2　kubectlの別名を設定する

kubectlをよく使う環境ではaliasを設定しておくと良いでしょう。

```
alias k=kubectl
```

さすがにkは短すぎるのではないか？　と思われるかもしれんせんが、慣れれば便利です。公式でも推奨されています。

5.5.3　リソース指定の省略

リソース名は、実は省略できます。例えば、次の3つはすべて同じ意味です。

- kubectl get pods
- kubectl get pod
- kubectl get po

Part

2

アプリケーションを
壊して学ぶKubernetes

Chapter

5

トラブルシューティングガイドと
kubectlコマンドの使い方

pods と po であれば省略してもあまり変わりませんが、replicasets を rs と省略できるなど便利な略称もあります。kubectl api-resources の SHORTNAMES カラムに略称が書かれています。確認してみてください。

```
kubectl api-resources
```

```
$ kubectl api-resources
NAME                    SHORTNAMES   APIVERSION   NAMESPACED   KIND
bindings                             v1           true         Binding
componentstatuses       cs           v1           false        ComponentStatus
configmaps              cm           v1           true         ConfigMap
endpoints               ep           v1           true         Endpoints
events                  ev           v1           true         Event
limitranges             limits       v1           true         LimitRange
namespaces              ns           v1           false        Namespace
nodes                   no           v1           false        Node
～～～省略～～～
```

5.5.4　kubectl の操作に役立つツールの紹介

ここではターミナルの kubectl 操作を便利にするツールをいくつかご紹介します。

stern　https://github.com/stern/stern

stern は Pod のログを出力するツールです。kubectl logs で複数 Pod のログを同時に参照するためにラベルを使用しましたが、毎回ラベルを調べて kubectl logs を実行するのは大変ですよね。そんなときに便利なのが stern です。

例えば、後述する Deployment というリソースを利用して Pod を複製した場合、myapp-1xd、myapp-gbv のように Pod には Deployment 名 -xxx という名前が付きます。stern を使うことで、このとき myapp という文字列だけで myapp-1xd と myapp-gbv 両方のログを参照できます。

stern 実行中に Pod が消されたとしても、新規に作成された Pod のログを自動で出力してくれます。エラーの調査時には「Pod が再起動を繰り返し、`kubectl logs` ではなかなかログ

Part
2
アプリケーションを
壊して学ぶ Kubernetes

Chapter
5
トラブルシューティングガイドと
kubectl コマンドの使い方

を追いづらい」といったケースもあります。上手に利用しましょう。

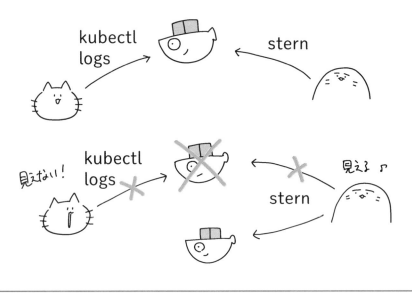

Part
2
アプリケーションを
壊して学ぶKubernetes

Chapter
5
トラブルシューティングガイドと
kubectlコマンドの使い方

k9s　https://k9scli.io/

　これまでkubectlのさまざまなコマンドを紹介しました。k9sはこれらのコマンドを使わずに、
ターミナル上でわかりやすいUIを提供するツールです。

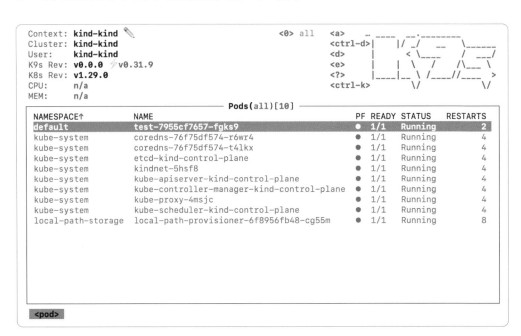

画像はk9sの起動画面です。例えば、この画面ではキーボードの d を押すとハイライトされている行のPodの詳細画面（kubectl describe）が見られますし、l を押すとログを見ることができます。このようにkubectlのコマンドを実行しなくてもkubectlで操作するのと同じ情報を得られます。

starship　https://starship.rs/

　このツールはKubernetesに特化したものではなく、ターミナルをカスタマイズするためのツールです。さまざまな開発用ツール・インフラに対応しており、Kubernetesを便利に使うための設定方法も載っています[5]。公式サイトに載っている設定をそのまま利用すると、画像のようにNamespaceやContextの情報が表示されます。

```
on 💩 kind-kind on kind-kind in kind-kind (kube-system) ~
❯ kubectl config use-context kind-multinode-nodeport
Switched to context "kind-multinode-nodeport".

on 💩 kind-multinode-nodeport on kind-multinode-nodeport in kind-multinode-nodeport () ~
❯
```

5.5.5　kubectlプラグインを使ってみよう

　kubectlを便利にする「プラグイン」が多数存在します。ここでは代表的なものを紹介します。

代表的なプラグイン：kubectx / kubens

　kubectx[6]とkubensは同じGitHubプロジェクトです。kubectxはコンテキスト（クラスタ接続情報）をスイッチするために利用し、kubensはデフォルトのnamespaceをスイッチするために利用します。

※5　https://starship.rs/config/#kubernetes
※6　https://github.com/ahmetb/kubectx

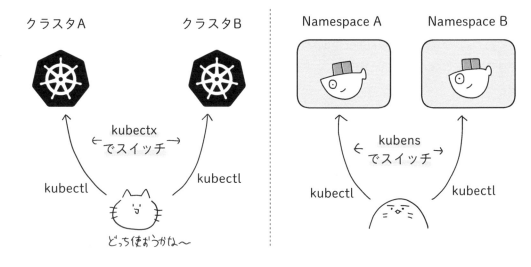

クラスタ構築時にkubectlを利用開始するため、Configの設定を行いましたが、複数クラスタを利用する場合は次のことに留意する必要があります。

- 何もしなければデフォルトコンテキスト[7]（例：ローカルクラスタ）が使用される
- デフォルトコンテキスト以外（例：ステージングクラスタ）を使用したい場合、`kubectl --context`を利用するか、`kubectl config use-context`を利用してデフォルトコンテキストを切り替える必要がある

デフォルトコンテキスト以外を利用したい場合は割と面倒ですよね。こういったときに使えるのがkubectxです。

kubens

kubectlを利用するときに`--namespace`オプションを指定せずコマンドを実行すると、default namespaceに対してコマンドが実行されます。毎回`kubectl --namespace`を実行するのも面倒ですよね。kubensでNamespaceの切り替えを便利に行えます。

※7　コンテキストはChapter2をご参照ください。

Part

2

アプリケーションを
壊して学ぶKubernetes

Chapter

5

トラブルシューティングガイドと
kubectlコマンドの使い方

5.6 直す デバッグしてみよう

Part
2
アプリケーションを
壊して学ぶKubernetes

Chapter
5
トラブルシューティングガイドと
kubectlコマンドの使い方

ではkubectlの使い方を
一通りマスターしたし
実際に壊れたアプリの調査と
修正をやってみよー！

ニャオー！

どんなデバッグでも
そうだけれど、
まずは手がかりを
探していき...

仮説と
検証を
繰り返すよ

なんにもみえない

ふぇぇ

kubectlを使えるだけで
かなり色々なヒントを
手に入れることができるよ

kubectl

テッテレテッテレー

それにPodはコンテナを
起動する最小単位なので

Podを調査できるように
なっておくと必ず役立つよ

広すぎ〜

あとは狭い範囲から
調査するといいね

クラスタ全体

Pod

じゃあ早速
こわして
みよー！

ひゃっほーう

ヒィー

大丈夫大丈夫、ちゃんと
直し方も説明するよ

ギャアー

こ、こわい...

109

Part
2
アプリケーションを
壊して学ぶKubernetes

Chapter
5
トラブルシューティングガイドと
kubectlコマンドの使い方

　今回の漫画にあるようにマニフェストの解説はせず、まずはapplyしてもらいます。Podを立ち上げるだけの簡単なマニフェストです。しかし、このマニフェストではPodが起動しません。このハンズオンでは「なぜ動かなくなったか」を調査し、直すところまで行います。

　実際に手を動かす前に、デバッグ時の大まかな流れを見ていきましょう。この流れはこの先も使うので、わからなくなったらこのページに戻ってきてください。

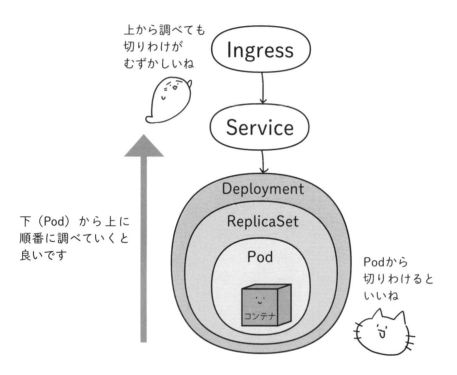

　まだPodリソースについてしか説明していませんが、PodはアプリケーションコンテナをKubernetes上で動かすうえで必要なリソースであり、Podを調査することはトラブルシューティングを行ううえでの基礎となることを覚えておいてください。

5.6.1　準備：Podが動いていることを確認する

まずは正常に動くPodを作成しましょう。

```
kubectl apply --filename chapter-05/myapp.yaml --namespace default
```

```
$ kubectl apply --filename chapter-05/myapp.yaml --namespace default
pod/myapp created
```

このPodはChapter4で使ったものと同じ、シンプルなHTTPサーバを起動します。Podが
Runningになっていれば問題ありません。

```
kubectl get pod myapp --namespace default
```

実行結果

```
$ kubectl get pod myapp --namespace default
NAME      READY    STATUS     RESTARTS    AGE
myapp     1/1      Running    0           13s
```

5.6.2　アプリケーションを壊してみる

では、早速アプリケーションを壊してみましょう。次のコマンドでマニフェストを適用します。

```
kubectl apply --filename chapter-05/pod-destruction.yaml --namespace default
```

実行結果

```
$ kubectl apply --filename chapter-05/pod-destruction.yaml --namespace default
pod/myapp configured
```

適用できたでしょうか。configuredと出てくれば適用成功です。では次の順番で調査し、壊れたアプリケーションを直していきます。

1. kubectl get <リソース名> でリソースの状態を確認
2. kubectl describe <リソース名> でリソースの詳細を確認
3. kubectl edit <リソース名> で修復する

5.6.3　アプリケーションを調査する

1. kubectl get <リソース名> でリソースの状態を確認

では、まずは「動かなくなった」ことを確認しましょう。Kubernetesは宣言型であるという性質上、kubectl applyが成功したからといってアプリケーションが動くとは限りません。そのため、applyした後に「リソースが正しく作成できているか」を確認することは大事です。実際、applyした後はとくにエラーもなく configuredと表示されていたかと思います。それでは確認していきましょう。

```
kubectl get pod myapp --namespace default
```

実行結果

```
$ kubectl get pod myapp --namespace default
NAME     READY    STATUS              RESTARTS       AGE
myapp    0/1      ImagePullBackOff    0 (12m ago)    16m
```

Podの情報は取得できているので、Podのリソースは作成できていることがわかります。リソースが作成できていない場合はkubectl get podを実行しても何も表示されません。そのため、今回はkubectl get podの結果が返ってきて、リソースの作成は無事完了したようです。しかし、PodがRunningになっていませんね（見るタイミングによってはCrashLoopBackOffやErrImagePullになっているかもしれません）。

ImagePullBackOff は、実はわかりやすいステータスなので遭遇したことがある方はこのSTATUSを見ただけで原因がわかるでしょう。これはイメージの取得で問題が発生し、リトライを待っている状態であり、コンテナが起動できていません。ここから原因を調査し、直していきましょう！

Part
2
アプリケーションを
壊して学ぶKubernetes

Chapter
5
トラブルシューティングガイドと
kubectlコマンドの使い方

2. kubectl describe <リソース名>でリソースの詳細を確認

describeで得られる情報にエラーの原因が書かれていることがあります。調べてみましょう。

```
kubectl describe pod myapp --namespace default
```

実行結果

```
$ kubectl describe pod myapp --namespace default
Name:           myapp
～～～省略～～～
Containers:
  hello-server:
    Container ID:   containerd://5082b0d6f61c8daba247990fb6aaeaa02c7896
↵ cb5299e50f4f90ab117cbba480
    Image:          blux2/hello-server:1.1
    Image ID:       docker.io/blux2/hello-server@sha256:35ab584cbe96a15
↵ ad1fb6212824b3220935d6ac9d25b3703ba259973fac5697d
    Port:           8080/TCP
    Host Port:      0/TCP
    State:          Waiting
      Reason:       ImagePullBackOff --- ❶
    Last State:     Terminated
      Reason:       Error
      Exit Code:    2
      Started:      Sat, 16 Dec 2023 18:49:31 +0900
      Finished:     Sat, 16 Dec 2023 18:52:23 +0900
    Ready:          False
    Restart Count:  0
～～～省略～～～
Events:
  Type      Reason    Age                     From          Message
  ----      ------    ----                    ----          -------
～～～省略～～～
  Normal    BackOff   2m55s (x2 over 3m25s)   kubelet       Back-
↵ off pulling image "blux2/hello-server:1.1"

  Warning   Failed    2m55s (x2 over 3m25s)   kubelet       Error:
↵ ImagePullBackOff
```

次ページへ

⬇ 前ページのつづき

実行結果

```
   Normal   Pulling     117s (x4 over 3m27s)    kubelet           Pulling
↵ image "blux2/hello-server:1.1"
   Warning  Failed      116s (x4 over 3m26s)    kubelet           Failed
↵ to pull image "blux2/hello-server:1.1": rpc error: code = NotFound
↵ desc = failed to pull and unpack image "docker.io/blux2/hello-
↵ server:1.1": failed to resolve reference "docker.io/blux2/hello-
server:1.1": docker.io/blux2/hello-server:1.1: not found
   Warning  Failed      116s (x4 over 3m26s)    kubelet           Error:
↵ ErrImagePull
   Warning  BackOff     63s (x6 over 2m24s)     kubelet           Back-
↵ Eoff restarting failed container hello-server in pod myapp_
↵ default(4fd16fc2-5b66-4681-ada0-09e3e8fd8e8d)
```

❶ Reason: ImagePullBackOff と書かれていますね（タイミングによってはErrImage
PullやCrashLoopBackOffと書かれていることもあります）。さらに、Eventsに次の結果が出
力されています。

```
   Warning  Failed      116s (x4 over 3m26s)    kubelet               Failed
to pull image "blux2/hello-server:1.1": rpc error: code = NotFound desc
= failed to pull and unpack image "docker.io/blux2/hello-server:1.1":
failed to resolve reference "docker.io/blux2/hello-server:1.1": docker.
io/blux2/hello-server:1.1: not found
```

docker.io/blux2/hello-server:1.1がnot foundと書かれていますね。ここで2つの仮説が立
てられます。

1. リポジトリが存在しない
2. タグが存在しない

では、仮説があっているか確かめてみましょう。docker.ioと書かれているのでDockerHub
を確認しましょう。

https://hub.docker.com/ をブラウザで開いてください。ページが開いたら、検索欄にリポジトリ名を入力しましょう。hello-serverは存在するようですね。

つづいて、タグ一覧を確認しましょう。

1.1のタグが存在しないようです。これで原因がわかりましたね。リポジトリ名のタグをタイプミスしてしまうなど、現場でもたまにあるミスです。

3. kubectl edit <リソース名>で修復する

では原因がわかったところで、修復しましょう。今回は簡単化のため kubectl edit で修復しますが、本番環境では正規デプロイフローの利用をおすすめします。次のコマンドを実行してください。

```
kubectl edit pod myapp --namespace default
```

編集画面に遷移するので、- image: blux2/hello-server:1.1を - image: blux2/hello-server:1.0に修正しましょう。

実行結果

```
$ kubectl edit pod myapp --namespace default
# Please edit the object below. Lines beginning with a '#' will be ignored,
# and an empty file will abort the edit. If an error occurs while saving
↵ this file will be
# reopened with the relevant failures.
#
apiVersion: v1
kind: Pod
metadata:
  annotations:
    kubectl.kubernetes.io/last-applied-configuration: |
      {"apiVersion":"v1","kind":"Pod","metadata":{"annotations":{},"name":"myapp
↵ ","namespace":"default"},"spec":{"containers":[{"image":"blux2/blux2/hello-
↵ server:1.1","name":"hello-server","ports":[{"containerPort":80}]}]}}
  creationTimestamp: "2023-07-30T12:27:45Z"
  name: myapp
  namespace: default
  resourceVersion: "170097"
  uid: 14ef23c7-a7c1-4d5e-8616-033122ab0586
spec:
  containers:
-   - image: blux2/hello-server:1.1
+   - image: blux2/hello-server:1.0
```

変更を保存すると次のように edited と表示されます。

```
$ kubectl edit pod myapp --namespace default
pod/myapp edited
```

では、Pod の STATUS をもう一度見てみましょう。

```
kubectl get pod myapp --namespace default
```

```
$ kubectl get pod myapp --namespace default
NAME      READY    STATUS     RESTARTS       AGE
myapp     1/1      Running    1 (67m ago)    71m
```

おめでとうございます！ Pod の STATUS が Running になっていますね。これでアプリケーションがまた正常に動き始めました。最後に掃除をしましょう。

```
kubectl delete --filename chapter-05/pod-destruction.yaml --namespace default
```

```
$ kubectl delete --filename chapter-05/pod-destruction.yaml --namespace default
pod "myapp" deleted
```

Pod が残っていなければ掃除完了です。

```
kubectl get pod --namespace default
```

```
$ kubectl get pod --namespace default
No resources found in default namespace.
```

Chapter

6

Kubernetes リソースを
つくって壊そう

ここからはKubernetes各種リソースを作りながら壊していくことで学習を進めていきます。Podのライフサイクルについてもここで解説します。

kubectl
kubectl
kubectl

Part
2
アプリケーションを
壊して学ぶKubernetes

Chapter
6
Kubernetes リソースを
つくって壊そう

6.1　Podのライフサイクルを知ろう

　Podのリソースにおけるマニフェストの書き方は、これまでにも登場してきたので割愛します。ここではPodの異常事態に気付くための「Podのライフサイクル」について説明します。

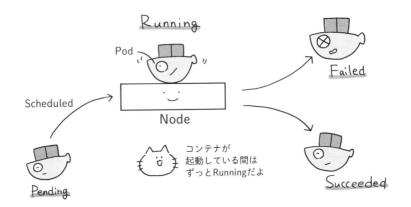

　Podはマニフェストが登録されてからNodeにスケジュールされ、kubeletがコンテナを起動し、異常があったり完了条件を満たしたりする場合、終了して一生を遂げます。仮想マシンにアプリケーションを立ち上げておく時代に比べると、起動・停止しやすいコンテナを利用することでアプリケーションのライフサイクルは短くなりました。このようなライフサイクルの中で、Podがどのステータスであるかを理解して知ることはトラブルシューティングに役立ちます。

6.2 Podを冗長化するための ReplicaSetとDeployment

これまでPodの説明やトラブルシューティングを行ってきましたが、実際の運用環境ではPodを直接作ることは推奨されていません。これまで何度か説明してきましたが、Pod単体ではコンテナの冗長化ができないので、本番環境での運用には向きません。そこで利用するのがDeploymentというリソースです。

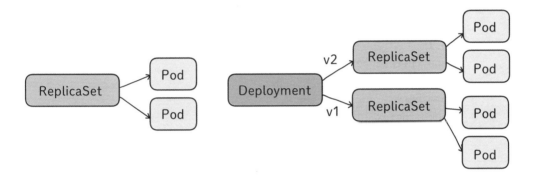

DeploymentはReplicaSetというリソースを作り、ReplicaSetがPodを作ります。まずはReplicaSetについて説明します。

6.2.1 ReplicaSet

ReplicaSetは指定した数のPodを複製するリソースです。Podリソースと異なるところは、Podを複製できるところです。複製するPodの数をreplicasで指定できます。

ReplicaSetのマニフェストは次のように書きます。

Part
2
アプリケーションを
壊して学ぶKubernetes

Chapter
6
Kubernetes リソースを
つくって壊そう

```
YAML   chapter-06/replicaset.yaml

apiVersion: apps/v1
kind: ReplicaSet
metadata:
  name: httpserver
  labels:
    app: httpserver
spec:
  replicas: 3 --- ❶ Podを3つ作る
  selector:
    matchLabels:
      app: httpserver --- ❷ templateのlabelsと一致している必要がある
  template:
    metadata:
      labels:
        app: httpserver
    spec:
      containers:
      - name: nginx
        image: nginx:1.25.3
```

このマニフェストを適用するとPodが3つ作られます。次のコマンドでReplicaSetを作成しましょう。

```
kubectl apply --filename chapter-06/replicaset.yaml --namespace default
```

実行結果

```
$ kubectl apply --filename chapter-06/replicaset.yaml --namespace default
replicaset.apps/httpserver created
```

ReplicaSetは同じPodを複製する関係上、自動でPodにsuffixをつけます。ReplicaSetの名前にhttpserverを指定したので、Podはそれぞれにhttpserver-xxxという名前が付きます。

次のコマンドで確認してみましょう。

```
kubectl get pod --namespace default
```

```
$ kubectl get pod --namespace default
NAME               READY   STATUS    RESTARTS   AGE
httpserver-7k554   1/1     Running   0          16s
httpserver-j94q5   1/1     Running   0          16s
httpserver-z2gdm   1/1     Running   0          16s
```

次のコマンドでReplicaSetのリソースも直接参照できます。DESIREDカラムから、いくつPodが作成されるべきかがわかります。

```
kubectl get replicaset --namespace default
```

```
$ kubectl get replicaset --namespace default
NAME         DESIRED   CURRENT   READY   AGE
httpserver   3         3         3       2m28s
```

最後に`delete`コマンドで掃除をしましょう。

```
kubectl delete replicaset httpserver --namespace default
```

6.2.2 Deployment

Podの冗長化を考えるとReplicaSetで十分ではないかと思われるかもしれませんが、実はReplicaSetも直接利用することは推奨されていません。より本番運用に向いているDeploymentを利用することが推奨されています。

では、DeploymentとReplicaSetの差はなんでしょうか。

Part
2
アプリケーションを
壊して学ぶKubernetes

Chapter
6
Kubernetes リソースを
つくって壊そう

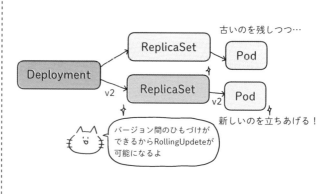

ReplicaSetのコンテナ更新時　　Deploymentのコンテナ更新時

本番の運用環境では単にPodを複製して冗長性を担保するだけではなく、Podの更新時に「無停止で更新する」ということを求められることが多いでしょう。コンテナイメージがv1のPodを作成するReplicaSetのコンテナイメージをv2にしたいとすると、コンテナイメージv2のPodを作成するReplicaSetを作る必要がありますよね。v1とv2の切り替えをうまくするためにはこれらのReplicaSetをひもづける、さらに上位概念が必要になります。この「ReplicaSetを複数ひもづける」のがDeploymentです。

Deploymentは次のようなマニフェストになります。

YAML chapter-06/deployment.yaml

```yaml
apiVersion: apps/v1
kind: Deployment
metadata:
  name: nginx-deployment
  labels:
    app: nginx
spec:
  replicas: 3
  selector:
    matchLabels:
      app: nginx --- templateのlabelsと一致している必要がある
  template:
```

```
      metadata:
        labels:
          app: nginx
      spec:
        containers:
        - name: nginx
          image: nginx:1.24.0
          ports:
          - containerPort: 80
```

　このマニフェストを利用してDeploymentを作成しましょう。次のコマンドを実行してください。

```
kubectl apply --filename chapter-06/deployment.yaml
--namespace default
```

実行結果

```
$ kubectl apply --filename chapter-06/deployment.yaml --namespace default
deployment.apps/nginx-deployment created
```

次のコマンドでDeploymentが作成できていることを確認しましょう。

```
kubectl get deployment --namespace default
```

実行結果

```
$ kubectl get deployment --namespace default
NAME               READY   UP-TO-DATE   AVAILABLE   AGE
nginx-deployment   3/3     3            3           6m22s
```

また、次のコマンドでPodが作成できていることも確認しましょう。

```
kubectl get pod --namespace default
```

Part

2

アプリケーションを
壊して学ぶKubernetes

Chapter

6

Kubernetesリソースを
つくって壊そう

```
実行結果

$ kubectl get pod --namespace default
NAME                                  READY   STATUS    RESTARTS   AGE
nginx-deployment-7d6d8cffc7-f7bgm     1/1     Running   0          2m14s
nginx-deployment-7d6d8cffc7-p9f4n     1/1     Running   0          2m2s
nginx-deployment-7d6d8cffc7-sj4xr     1/1     Running   0          2m3s
```

ReplicaSetが作成されていることもわかります。

```
kubectl get replicaset --namespace default
```

```
実行結果

$ kubectl get replicaset --namespace default
NAME                          DESIRED   CURRENT   READY   AGE
nginx-deployment-7d6d8cffc7   3         3         3       8s
```

では、つづいてPodの更新を行ってみましょう。マニフェストのイメージnginx:1.24.0を
nginx:1.25.3に変更し、適用します。

```
Diff    chapter-06/deployment.yaml

apiVersion: apps/v1
kind: Deployment
metadata:
  name: nginx-deployment
  labels:
    app: nginx
spec:
  replicas: 3
  selector:
    matchLabels:
      app: nginx
  template:
    metadata:
```

```
    labels:
      app: nginx
  spec:
    containers:
    - name: nginx
-       image: nginx:1.24.0
+       image: nginx:1.25.3
      ports:
      - containerPort: 80
```

修正したファイルをchapter-06/deployment.yamlに上書き保存し、適用しましょう。

```
kubectl apply --filename chapter-06/deployment.yaml
--namespace default
```

```
$ kubectl apply --filename chapter-06/deployment.yaml --namespace default
deployment.apps/nginx-deployment configured
```

Pod名が新しくなっていることを確認しましょう。

```
kubectl get pod --namespace default
```

```
$ kubectl get pod --namespace default
NAME                                READY   STATUS    RESTARTS   AGE
nginx-deployment-775b6549b5-j445n   1/1     Running   0          3m20s
nginx-deployment-775b6549b5-lvl6g   1/1     Running   0          3m18s
nginx-deployment-775b6549b5-z7z6x   1/1     Running   0          3m19s
```

次のコマンドでReplicaSetが新しくなっていることを確認しましょう。

```
kubectl get replicaset --namespace default
```

Part
2
アプリケーションを
壊して学ぶKubernetes

Chapter
6
Kubernetes リソースを
つくって壊そう

```
$ kubectl get replicaset --namespace default
NAME                          DESIRED   CURRENT   READY   AGE
nginx-deployment-775b6549b5   3         3         3       61s    ← 新しいReplicaSet
nginx-deployment-7d6d8cffc7   0         0         0       2m23s
```

次のコマンドを実行することで、imageを参照できます。想定どおり、imageも新しくなっていることが確認できます。

```
kubectl get deployment nginx-deployment -o=jsonpath='{.spec.
template.spec.containers[0].image}'
```

実行結果

```
$ kubectl get deployment nginx-deployment -o=jsonpath='{.spec.template.
↵ spec.containers[0].image}'
nginx:1.25.3
```

Deploymentでは新規バージョン追加時の挙動を制御することもできます。次のコマンドで作成したマニフェストを参照すると、StrategyTypeやRollingUpdateStrategyという項目が追加されていると思います。

```
kubectl describe deployment nginx-deployment
```

実行結果

```
$ kubectl describe deployment nginx-deployment
Name:               nginx-deployment
Namespace:          default
CreationTimestamp:  Thu, 03 Aug 2023 21:36:07 +0900
Labels:             app=nginx
Annotations:        deployment.kubernetes.io/revision: 3
Selector:           app=nginx
Replicas:           3 desired | 3 updated | 3 total | 3 available |
↵ 0 unavailable
```

→ 次ページへ

```
StrategyType:           RollingUpdate  --- 更新の方法を指定する
MinReadySeconds:        0
RollingUpdateStrategy:  25% max unavailable, 25% max surge --- Rolling
Update時の挙動を指定する
～～～省略～～～
```

RollingUpdateStrategyはPodにもReplicaSetにもない、Deploymentのみに存在するフィールドです。マニフェストの中ではStrategyTypeとRollingUpdateStrategyを指定していなかったので、デフォルト値が指定されています。StrategyTypeについてもう少し詳しく説明していきましょう。Deploymentはどの環境でも使うことになると思うので、知っておくと役に立つでしょう。

StrategyType

StrategyType[1]とは、Deploymentを利用してPodを更新するときに、どのような戦略で更新するかを指定します。RecreateとRollingUpdateの2つが選択可能です。Recreateは全部のPodを同時に更新し、逆にRollingUpdateはPodを順番に更新する方法です。

RollingUpdateを選択した場合、RollingUpdateStrategyを記載することができます。デフォルトではRollingUpdate方式で更新し、25% max unavailable, 25% max surgeが指定されます。

RollingUpdateStrategy

RollingUpdateStrategyフィールドではRolling Updateをどのように実現するかを書くことができます。Rolling UpdateとはKubernetes固有の単語ではなく、アプリケーションのアップデートを段階的に実施する手法のことを指します。Kubernetesではこの手法をサポートするためにReplicaSetよりも上位概念のDeploymentを導入しています。この方法を用いることで、アプリケーションのアップデート中も運用を継続でき、サービスの停止を最小限に抑えられます。

※1　https://kubernetes.io/docs/concepts/workloads/controllers/deployment/#strategy

RollingUpdateStrategyで指定できるのはmaxUnavailableとmaxSurgeの2つです。max
Unavailableは「最大いくつのPodを同時にシャットダウンできるか」を指定します。デフォ
ルトで指定されている25%とは「Pod全体の25%まで同時にシャットダウン可能」という意味
です。例えば、4つPodがあれば一度のRolling Updateで1つずつPodを再作成します。パー
センテージ以外に固定の値を書くこともできます。

maxSurgeは「最大いくつのPodを新規作成できるか」を指定します。

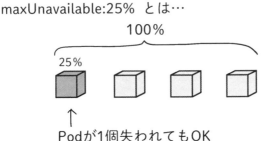

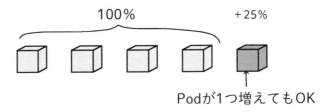

Rolling Updateではアプリケーションのアップデートを行うために、古いPodをシャットダ
ウンしながら更新先の新しいPodを作っていきます。一度に必要な数の新規Podを同時に作れ
ば良いと思われるかもしれませんが、新旧のPodが同時に存在する時間はKubernetesクラス
タ環境に2倍のPodが必要になります。Deploymentで指定しているreplicasが少ないときや、
クラスタ全体のDeploymentの数が少ないときはそれでも良いかもしれません。しかし、
maxSurgeの数を多く指定するとそれだけ余分に作成するPodが増えるため、クラスタのキャ
パシティが必要になり、コストもかかります。

筆者は一度maxSurgeの設定のせいでPodの数が増えすぎて全ノードのキャパシティが枯渇して
しまい、Rolling Updateが終わらなくなるということがありました。みなさんも気を付けましょう。

Part
2
アプリケーションを
壊して学ぶKubernetes

Chapter
6
Kubernetesリソースを
つくって壊そう

では、実際に動かしてみましょう。まずはStrategyTypeでRecreateを指定します。

Part
2
壊して学ぶKubernetes
アプリケーションを

Chapter
6
Kubernetes リソースを
つくって壊そう

YAML chapter-06/deployment-recreate.yaml

```yaml
apiVersion: apps/v1
kind: Deployment
metadata:
  name: nginx-deployment
  labels:
    app: nginx
spec:
  replicas: 10
  strategy:
    type: Recreate  # strategy type
  selector:
    matchLabels:
      app: nginx
  template:
    metadata:
      labels:
        app: nginx
    spec:
      containers:
      - name: nginx
        image: nginx:1.24.0
        ports:
        - containerPort: 80
        lifecycle:
          preStop:
            exec:
              command: ["/bin/sh", "-c", "sleep 10"]
```

マニフェストを適用しましょう。

```
kubectl apply --filename chapter-06/deployment-recreate.yaml
--namespace default
```

131

Part

2

アプリケーションを
壊して学ぶKubernetes

Chapter

6

Kubernetesリソースを
つくって壊そう

実行結果

```
$ kubectl apply --filename chapter-06/deployment-recreate.yaml --namespace default
deployment.apps/nginx-deployment configured
```

Podが正常に作成できていることを確認します。

```
kubectl get pod --namespace default
```

実行結果

```
$ kubectl get pod --namespace default
NAME                                READY   STATUS    RESTARTS   AGE
nginx-deployment-779786d6c5-45nqz   1/1     Running   0          38s
nginx-deployment-779786d6c5-5sbgq   1/1     Running   0          38s
nginx-deployment-779786d6c5-7b56k   1/1     Running   0          38s
nginx-deployment-779786d6c5-8lnjn   1/1     Running   0          38s
nginx-deployment-779786d6c5-9hqqn   1/1     Running   0          38s
nginx-deployment-779786d6c5-bk9cg   1/1     Running   0          38s
nginx-deployment-779786d6c5-gfl92   1/1     Running   0          38s
nginx-deployment-779786d6c5-jq752   1/1     Running   0          38s
nginx-deployment-779786d6c5-kjjxt   1/1     Running   0          38s
nginx-deployment-779786d6c5-qn8l6   1/1     Running   0          38s
```

chapter-06/deployment-recreate.yamlのマニフェストに書いてあるimageのタグを
1.24.0から1.25.3に変更し、適用します。

マニフェストを適用した後にPodを参照し、コンテナが再作成されていることを確認します。
あっという間に新規Podが作成されてしまうので、別のターミナルであらかじめkubectl
get pod --watchを実行しておき、遷移する様子を観察しましょう。--watchをつける
ことで、kubectl get podの結果を監視し続けられます。

利用するマニフェストは次のとおり、変更します。

```yaml
apiVersion: apps/v1
kind: Deployment
metadata:
  name: nginx-deployment
  labels:
    app: nginx
spec:
  replicas: 10
  strategy:
    type: Recreate
  selector:
    matchLabels:
      app: nginx
  template:
    metadata:
      labels:
        app: nginx
    spec:
      containers:
      - name: nginx
-         image: nginx:1.24.0
+         image: nginx:1.25.3
        ports:
        - containerPort: 80
        lifecycle:
          preStop:
            exec:
              command: ["/bin/sh", "-c", "sleep 10"]
```

別のターミナルを開き、次のコマンドを実行します。

```
kubectl get pod --watch --namespace default
```

Part
2
アプリケーションを
壊して学ぶKubernetes

Chapter
6
Kubernetes リソースを
つくって壊そう

133

元のターミナルに戻ります。

```
kubectl apply --filename chapter-06/deployment-recreate.yaml
--namespace default
```

実行結果

```
$ kubectl apply --filename chapter-06/deployment-recreate.yaml --namespace
↵ default
deployment.apps/nginx-deployment configured

# watchを実行しているターミナル
$ kubectl get pod --watch --namespace default
NAME                                   READY   STATUS             RESTARTS   AGE
nginx-deployment-779786d6c5-45nqz      1/1     Running            0          38s
nginx-deployment-779786d6c5-5sbgq      1/1     Running            0          38s
nginx-deployment-779786d6c5-7b56k      1/1     Running            0          38s
nginx-deployment-779786d6c5-8lnjn      1/1     Running            0          38s
nginx-deployment-779786d6c5-9hqqn      1/1     Running            0          38s
nginx-deployment-779786d6c5-bk9cg      1/1     Running            0          38s
nginx-deployment-779786d6c5-gfl92      1/1     Running            0          38s
nginx-deployment-779786d6c5-jq752      1/1     Running            0          38s
nginx-deployment-779786d6c5-kjjxt      1/1     Running            0          38s
nginx-deployment-779786d6c5-qn8l6      1/1     Running            0          38s
nginx-deployment-779786d6c5-kjjxt      1/1     Terminating        0          44s
nginx-deployment-779786d6c5-5sbgq      1/1     Terminating        0          44s
nginx-deployment-779786d6c5-45nqz      1/1     Terminating        0          44s
nginx-deployment-779786d6c5-9hqqn      1/1     Terminating        0          44s
nginx-deployment-779786d6c5-7b56k      1/1     Terminating        0          44s
~~~省略~~~
nginx-deployment-9dddcf575-w9qwq       0/1     Pending            0          0s
nginx-deployment-9dddcf575-4wv7b       0/1     Pending            0          0s
~~~省略~~~
nginx-deployment-9dddcf575-w9qwq       0/1     ContainerCreating  0          0s
~~~省略~~~
nginx-deployment-9dddcf575-vsp2z       1/1     Running            0          1s
nginx-deployment-9dddcf575-qmx88       1/1     Running            0          1s
```

Part

2

アプリケーションを
壊して学ぶKubernetes

Chapter

6

Kubernetes リソースを
つくって壊そう

134

Podが一気にTerminating→ContainerCreating→Runningと遷移したことがわかると思います。Recreateは同時にすべてのPodを再作成するため全Podが更新完了するまでの速度は速いですが、その分再作成時にアプリケーションがいったん接続不能になってしまいます。

　最後に掃除しましょう。

```
kubectl delete --filename chapter-06/deployment-recreate.yaml
--namespace default
```

　`kubectl get pod --watch --namespace default`を実行していたターミナルは、Ctrl＋Cでkubectlの実行を終了してください。

　では、つづいてRolling Updateをやってみましょう。次のマニフェストを利用します。

YAML　chapter-06/deployment-rollingupdate.yaml

```yaml
apiVersion: apps/v1
kind: Deployment
metadata:
  name: nginx-deployment
  labels:
    app: nginx
spec:
  strategy:
    type: RollingUpdate
    rollingUpdate:
      maxUnavailable: 25%
      maxSurge: 100%
  replicas: 10
  selector:
    matchLabels:
      app: nginx
  template:
    metadata:
      labels:
        app: nginx
```

Part

2

アプリケーションを
壊して学ぶKubernetes

Chapter

6

Kubernetes リソースを
つくって壊そう

```
        spec:
          containers:
          - name: nginx
            image: nginx:1.24.0
            ports:
            - containerPort: 80
            lifecycle:
              preStop:
                exec:
                  command: ["/bin/sh", "-c", "sleep 10"]
```

次のコマンドでマニフェストを適用しましょう。

kubectl apply --filename chapter-06/deployment-rollingupdate.yaml
--namespace default

実行結果

```
$ kubectl apply --filename chapter-06/deployment-rollingupdate.yaml --namespace default
deployment.apps/nginx-deployment created
```

Podが正常に作成できていることを確認します。

kubectl get pod --namespace default

実行結果

```
$ kubectl get pod --namespace default
NAME                                  READY   STATUS    RESTARTS         AGE
myapp                                 1/1     Running   1 (4d11h ago)    4d11h
nginx-deployment-58556b4d6b-2xxtx     1/1     Running   0                5s
nginx-deployment-58556b4d6b-8g26p     1/1     Running   0                5s
nginx-deployment-58556b4d6b-9928d     1/1     Running   0                5s
nginx-deployment-58556b4d6b-g6jmq     1/1     Running   0                5s
nginx-deployment-58556b4d6b-njpns     1/1     Running   0                5s
nginx-deployment-58556b4d6b-s5whx     1/1     Running   0                5s
```

→ 次ページへ

Part
2
アプリケーションを
壊して学ぶKubernetes

Chapter
6
Kubernetes リソースを
つくって壊そう

⤓ 前ページのつづき

```
nginx-deployment-58556b4d6b-s8cfb    1/1    Running    0    5s
nginx-deployment-58556b4d6b-skkht    1/1    Running    0    5s
nginx-deployment-58556b4d6b-thjqv    1/1    Running    0    5s
nginx-deployment-58556b4d6b-w9wgf    1/1    Running    0    5s
```

max surge 100%（DesiredなPod数を一度に全部新規作成する）で試してみます。マニフェストがmax surge 100%になっていることを確認しましょう。

```
kubectl get deployment nginx-deployment -o jsonpath='{.spec.
strategy}'
```

実行結果

```
$ kubectl get deployment nginx-deployment -o jsonpath='{.spec.strategy}'

{"rollingUpdate":{"maxSurge":"100%","maxUnavailable":"25%"},"type":"Rol
↵ lingUpdate"}
```

想定どおり100%になっている

これまで同様にchapter-06/deployment-rollingupdate.yamlのimageタグを更新します。

YAML　chapter-06/deployment-rollingupdate.yaml

```yaml
apiVersion: apps/v1
kind: Deployment
metadata:
  name: nginx-deployment
  labels:
    app: nginx
spec:
  strategy:
    type: RollingUpdate
    rollingUpdate:
      maxUnavailable: 25%
      maxSurge: 100%
```

Part
2
アプリケーションを
壊して学ぶKubernetes

Chapter
6
Kubernetes リソースを
つくって壊そう

137

```
    replicas: 10
    selector:
      matchLabels:
        app: nginx
    template:
      metadata:
        labels:
          app: nginx
      spec:
        containers:
        - name: nginx
-         image: nginx:1.24.0
+         image: nginx:1.25.3
          ports:
          - containerPort: 80
          lifecycle:
            preStop:
              exec:
                command: ["/bin/sh", "-c", "sleep 10"]
```

今回も別ターミナルを開き、`kubectl get pod`を実行しましょう。

```
kubectl get pod --watch  --namespace default
```

```
kubectl apply --filename chapter-06/deployment-rollingupdate.yaml
--namespace default
```

```
$ kubectl apply --filename chapter-06/deployment-rollingupdate.yaml --namespace
↵ default
deployment.apps/nginx-deployment configured
```

Part
2
アプリケーションを
壊して学ぶKubernetes

Chapter
6
Kubernetes リソースを
つくって壊そう

```
$ kubectl get pod --watch --namespace default
NAME                                   READY   STATUS             RESTARTS   AGE
nginx-deployment-58556b4d6b-2xxtx      1/1     Running            0          2m8s
nginx-deployment-58556b4d6b-8g26p      1/1     Running            0          2m8s
～～～省略～～～
nginx-deployment-7d945944c9-whjw5      0/1     Pending            0          0s
nginx-deployment-7d945944c9-r98gw      0/1     Pending            0          0s
nginx-deployment-58556b4d6b-w9wgf      1/1     Terminating        0          2m16s
nginx-deployment-7d945944c9-vb95f      0/1     Pending            0          0s
～～～省略～～～
nginx-deployment-7d945944c9-fgzj9      0/1     ContainerCreating  0          0s
nginx-deployment-7d945944c9-9g8fl      0/1     ContainerCreating  0          0s
～～～省略～～～
nginx-deployment-58556b4d6b-skkht      1/1     Terminating        0          2m17s
nginx-deployment-58556b4d6b-g6jmq      1/1     Terminating        0          2m17s
nginx-deployment-7d945944c9-vb95f      1/1     Running            0          1s
～～～以下略～～～
```

　途中、Podの数が倍になっている様子が観察できたのではないでしょうか。max surgeが100%というのは、元あったPodの数と同じ数だけ新規Podを作成することを言っています。max surge 100%はPodの更新が最も早く、かつ安全な方法ではあります。しかし、必要なリソースが倍になるため、使用する際はリソースキャパシティに注意しましょう。

　最後に掃除もしましょう。

```
kubectl delete --filename chapter-06/deployment-rollingupdate.
yaml --namespace default
```

Part
2
アプリケーションを
壊して学ぶKubernetes

Chapter
6
Kubernetesリソースを
つくって壊そう

6.2.3　つくって、直す Deploymentをつくって壊そう

では
Deploymentを
壊してみよー

バキャ
Deployment

えいやっ

Deploymentって
アプリケーションが
壊れないように
なってるんじゃないっけ...

どんなにいい機能があっても
絶対に壊れないという
ことはないのじゃ

悟

Deploymentを使っていても
設定次第では
アプリケーションが
動かなくなるよ

ヒィッ

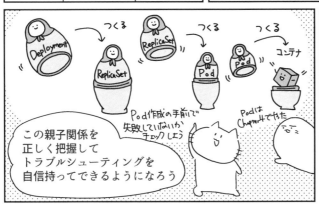

つくる　つくる　つくる

Deployment　ReplicaSet　ReplicaSet　Pod　Pod　コンテナ

Pod作成の手前で
失敗していないか
チェックしよう

Podは
Chapter4でやった

この親子関係を
正しく把握して
トラブルシューティングを
自信持ってできるようになろう

レッツ破壊!

では、まずDeploymentを作ります。リポジトリにアップロードされているchapter-06/deployment-hello-server.yamlマニフェストを使用します。

次のコマンドでマニフェストを適用しましょう。

```
kubectl apply --filename chapter-06/deployment-hello-server.yaml --namespace default
```

実行結果

```
$ kubectl apply --filename chapter-06/deployment-hello-server.yaml --namespace default
deployment.apps/hello-server created
```

次のコマンドでPodがRunningになっていることを確認しましょう。

```
kubectl get pod --namespace default
```

実行結果

```
$ kubectl get pod --namespace default
NAME                            READY    STATUS     RESTARTS    AGE
hello-server-6cc6b44795-6zgdm   1/1      Running    0           20s
hello-server-6cc6b44795-lv9bb   1/1      Running    0           20s
hello-server-6cc6b44795-nc9bm   1/1      Running    0           20s
```

まずはPodを消してみて、どうなるかみてみましょう。任意のPod名を1つコピーしておきましょう。

```
kubectl delete pod <Pod名> --namespace default
```

Part 2 アプリケーションを壊して学ぶKubernetes

Chapter 6 Kubernetesリソースをつくって壊そう

Part
2
アプリケーションを
壊して学ぶKubernetes

Chapter
6
Kubernetes リソースを
つくって壊そう

実行結果

```
$ kubectl delete pod hello-server-6cc6b44795-6zgdm  --namespace default
pod "hello-server-6cc6b44795-6zgdm" deleted

$ kubectl get pod --namespace default
NAME                           READY   STATUS    RESTARTS   AGE
hello-server-6cc6b44795-hfwkp  1/1     Running   0          6s
hello-server-6cc6b44795-lv9bb  1/1     Running   0          10m
hello-server-6cc6b44795-nc9bm  1/1     Running   0          10m
```

　Podの起動が早すぎてわかりづらいと思いますが、1つだけAGEが若いですね。消されたPod
の代わりにこのPodが新しく作られました。このように、Deploymentを利用することでPod
が消されても必ずDesiredなPod数に一致するようKubernetesが自動で再作成してくれます。

　では、このDeploymentをRollingUpdateしてみましょう。まずは現状のアプリケーション
が問題なく動いていることを確かめます。別のターミナルを開いてport-forwardしましょう。

`kubectl port-forward deployment/hello-server 8080:8080`

実行結果

```
$ kubectl port-forward deployment/hello-server 8080:8080
Forwarding from 127.0.0.1:8080 -> 8080
Forwarding from [::1]:8080 -> 8080
```

　元のターミナルに戻り、接続確認をします。

`curl localhost:8080`

実行結果

```
$ curl localhost:8080
Hello, world!
```

つづいて、マニフェストを適用してRolling Updateしましょう。

```
kubectl apply --filename chapter-06/deployment-hello-server-
rollingupdate.yaml --namespace default
```

```
$ kubectl apply --filename chapter-06/deployment-hello-server-
↵ rollingupdate.yaml --namespace default
deployment.apps/hello-server configured
```

マニフェストの適用結果を確認してみましょう。

```
kubectl get pod --namespace default
```

```
$ kubectl get pod --namespace default
NAME                              READY   STATUS         RESTARTS   AGE
hello-server-6cc6b44795-hfwkp     1/1     Running        0          6m36s
hello-server-6cc6b44795-lv9bb     1/1     Running        0          33m
hello-server-6cc6b44795-nc9bm     1/1     Running        0          33m
hello-server-6fb85ff748-6hdnj     0/1     ErrImagePull   0          7s
```

Podが1つ増え、何かエラーが出ていますね。アプリケーションが壊れた……わけではありません。動作確認をしてみても、問題なく接続できると思います。

```
curl localhost:8080
```

port-forwardを終了してしまった方は再度`kubectl port-forward deployment/hello-server 8080:8080`を実行してください。

Part
2
アプリケーションを
壊して学ぶKubernetes

Chapter
6
Kubernetes リソースを
つくって壊そう

```
# 何度叩いても疎通可能
$ curl localhost:8080
Hello, world!
```

　どういうことでしょうか。詳しく見ていきましょう。まずは次のコマンドでDeploymentの状況を確認してみましょう。

```
kubectl get deployment --namespace default
```

実行結果

```
$ kubectl get deployment --namespace default
NAME          READY   UP-TO-DATE   AVAILABLE   AGE
hello-server  3/3     1            3           62s
```

　UP-TO-DATEが1になっています。これは古いバージョンのPodをそのままに、新規バージョンのPodを1個作成中にエラーになっていることを表しています。

　デフォルトの設定「maxUnavailable: 25%, maxSurge: 25%」ではPod数が3つの場合、25%は0.75になります。maxUnavailableは切り下げ、maxSurgeは切り上げなので、この場合maxUnavailable: 0、maxSurge: 1となります。

Part

2

アプリケーションを
壊して学ぶKubernetes

Chapter

6

Kubernetes リソースを
つくって壊そう

144

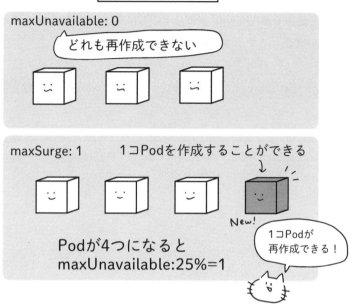

これで理由がわかりましたね。新規Podは同時に1つまで作成できますが、新規Podが正常に作成完了しない限り、次の古いPodを消すことができません（新しいPodが1つ増えるとPod総数が4になり、Podを1つ消せるようになります）。

次のコマンドを実行してReplicaSetを見ると、新旧バージョンそれぞれいくつPodが作られているかわかります。

```
kubectl get replicaset --namespace default
```

実行結果

```
$ kubectl get replicaset --namespace default
NAME                    DESIRED    CURRENT    READY    AGE
hello-server-6cc6b44795    3          3          3       3m25s
hello-server-6fb85ff748    1          1          0       81s
```

古いバージョンのPodが残ってくれているおかげでアプリケーションに疎通ができています。

では、Rolling Updateを直していきましょう。STATUSにはChapter5のハンズオン同様ErrImagePullと書いてありますが、詳細を見ましょう。

```
kubectl describe pod <エラーが出ているPod名> --namespace default
```

Part
2
アプリケーションを
壊して学ぶKubernetes

Chapter
6
Kubernetesリソースを
つくって壊そう

実行結果

```
$ kubectl describe pod hello-server-6fb85ff748-6hdnj --namespace default
Name:              hello-server-6fb85ff748-6hdnj
Namespace:         default
Priority:          0
～～～省略～～～
Events:
  Type    Reason     Age               From               Message
  ----    ------     ----              ----               -------
  Normal  Scheduled  110s              default-scheduler  Successfully
↵ assigned default/hello-server-6fb85ff748-6hdnj to kind-control-plane
  Normal  BackOff    29s (x5 over 108s)  kubelet          Back-off
↵ pulling image "blux2/hello-server:1.3"
  Warning Failed     29s (x5 over 108s)  kubelet          Error:
↵ ImagePullBackOff
  Normal  Pulling    15s (x4 over 110s)  kubelet          Pulling
↵ image "blux2/hello-server:1.3"
  Warning Failed     14s (x4 over 108s)  kubelet          Failed to
↵ pull image "blux2/hello-server:1.3": rpc error: code = NotFound desc =
↵ failed to pull and unpack image "docker.io/blux2/hello-server:1.3":
↵ failed to resolve reference "docker.io/blux2/hello-server:1.3": docker.
↵ io/blux2/hello-server:1.3: not found --- ❶
  Warning Failed     14s (x4 over 108s)  kubelet          Error:
↵ ErrImagePull
```

❶ `hello-server:1.3`がnot foundと言われています。hello-serverのDocker Hubリポジトリを参照するとわかりますが、1.3というタグは存在しません。

今回は1.2というタグを間違えて1.3と書いてしまった、という体で直しましょう。次のコマンドでエディタを開き、イメージのタグを修正します。

```
kubectl edit deployment hello-server --namespace default
```

```
$ kubectl edit deployment hello-server --namespace default
// Enterキーを押す
# Please edit the object below. Lines beginning with a '#' will be
ignored,
# and an empty file will abort the edit. If an error occurs while saving
↵ this file will be
# reopened with the relevant failures.
#
apiVersion: v1
kind: Pod
metadata:
～～～省略～～～
spec:
  containers:
-  - image: blux2/hello-server:1.3
+  - image: blux2/hello-server:1.2
     imagePullPolicy: IfNotPresent
     name: hello-server
～～～以下略～～～
```

```
$ kubectl edit deployment hello-server --namespace default
deployment.apps/hello-server edited
```

PodとReplicaSetの状態を見ましょう。

```
kubectl get pod,replicaset --namespace default
```

Part
2
アプリケーションを
壊して学ぶKubernetes

Chapter
6
Kubernetes リソースを
つくって壊そう

```
$ kubectl get pod,replicaset --namespace default
NAME                             READY   STATUS    RESTARTS   AGE
hello-server-5d6fd6dbb9-9h46p    1/1     Running   0          14s
hello-server-5d6fd6dbb9-9jktf    1/1     Running   0          5s
hello-server-5d6fd6dbb9-ckddh    1/1     Running   0          4s

NAME                        DESIRED   CURRENT   READY   AGE
hello-server-5d6fd6dbb9     3         3         3       40s    ← 新規ReplicaSet
hello-server-6cc6b44795     0         0         0       17m
hello-server-6fb85ff748     0         0         0       15m
```

　無事、Rolling Updateが完了しました。port-forwardの接続が切れてしまっていると思うので（切れていない方は、いったんCtrl + Cで切断しましょう）、再度接続して確認してみましょう。

```
kubectl port-forward deployment/hello-server 8080:8080 --namespace default
```

```
$ kubectl port-forward deployment/hello-server 8080:8080 --namespace default
Forwarding from 127.0.0.1:8080 -> 8080
Forwarding from [::1]:8080 -> 8080
```

　別のターミナルを開いて疎通確認をしましょう。

```
curl localhost:8080
```

```
$ curl localhost:8080
Hello, world! Let's learn Kubernetes!
```

　最初に確認したときと異なるメッセージが出ていますね。これで無事、Rolling Updateができたことが確認できました。

Part
2
アプリケーションを
壊して学ぶKubernetes

Chapter
6
Kubernetes リソースを
つくって壊そう

148

最後に掃除をしておきましょう。

```
kubectl delete --filename chapter-06/deployment-hello-server-
rollingupdate.yaml --namespace default
```

port-forwardはCtrl＋Cで終了してください。

Part

2

アプリケーションを
壊して学ぶKubernetes

Chapter

6

Kubernetes リソースを
つくって壊そう

6.3 Podへのアクセスを助けるService

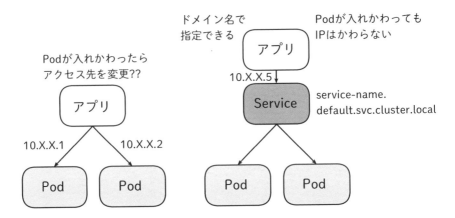

DeploymentはIPアドレスをもたないため、Deploymentで作ったリソースにアクセスするためにはIPアドレスが割り振られているPod個々にアクセスする必要があります。それでは、せっかくRolling Updateの機能があってもアクセスしているPodが消えてしまえば接続は途切れてしまいますよね。Deploymentで作成した複数Podへのアクセスを適切にルーティングしてもらうために、Serviceというリソースを利用します。

最も簡単なServiceのマニフェストは次のようになります。

YAML　chapter-06/service.yaml

```yaml
apiVersion: v1
kind: Service
metadata:
  name: hello-server-service
spec:
  selector:
    app: hello-server # Serviceを利用したいPodのラベルと一致させる
  ports:
    - protocol: TCP
      port: 8080
      targetPort: 8080 # 利用するコンテナが開放しているPortを指定する
```

Part
2
アプリケーションを
壊して学ぶKubernetes

Chapter
6
Kubernetes リソースを
つくって壊そう

Serviceだけ作成しても動かないので、Serviceに接続するDeploymentも作成して動作を確認しましょう。

```
kubectl apply --filename chapter-06/deployment-hello-server.yaml --namespace default
```

```
$ kubectl apply --filename chapter-06/deployment-hello-server.yaml --namespace default
deployment.apps/hello-server created
```

Podが作成できていることを確認しましょう。

```
kubectl get pod --namespace default
```

実行結果

```
$ kubectl get pod --namespace default
NAME                             READY   STATUS    RESTARTS   AGE
hello-server-6cc6b44795-4fv6r    1/1     Running   0          12s
hello-server-6cc6b44795-rfcm7    1/1     Running   0          12s
hello-server-6cc6b44795-sb6jx    1/1     Running   0          12s
```

では、Serviceリソースを作成しましょう。

```
kubectl apply --filename chapter-06/service.yaml --namespace default
```

実行結果

```
$ kubectl apply --filename chapter-06/service.yaml --namespace default
service/hello-server-service created
```

Serviceが作成できているか確認しましょう。

```
kubectl get service hello-server-service --namespace default
```

Part
2
アプリケーションを
壊して学ぶKubernetes

Chapter
6
Kubernetesリソースを
つくって壊そう

```
$ kubectl get service hello-server-service --namespace default
NAME                    TYPE        CLUSTER-IP     EXTERNAL-IP    PORT(S)     AGE
hello-server-service    ClusterIP   10.96.52.85    <none>         8080/TCP    62s
```

Serviceが問題なく作成できました。ではport-forwardして動作を確認しましょう。別のター
ミナルを開いて次のコマンドを実行してください。

```
kubectl port-forward svc/hello-server-service 8080:8080
--namespace default
```

実行結果

```
$ kubectl port-forward svc/hello-server-service 8080:8080 --namespace default
Forwarding from 127.0.0.1:8080 -> 8080
Forwarding from [::1]:8080 -> 8080
```

元のターミナルに戻り、動作確認しましょう。

```
curl localhost:8080
```

実行結果

```
$ curl localhost:8080
Hello, world!
```

hello-serverと通信ができました。

6.3.1 ServiceのTypeを知ろう

kubectl get serviceの出力結果にTYPEというカラムがあります。ServiceにはいくつかのTypeがあり、作成時に指定できます。Typeを指定しない場合はデフォルトでClusterIPが指定されます。

- **ClusterIP**：クラスタ内部のIPアドレスでServiceを公開します。このTypeで指定されたIPアドレス（kubectl get serviceのCLUSTER-IPカラム）はクラスタ内部からしか疎通できません。Ingressというリソースを利用することで外部公開が可能になります
- **NodePort**：すべてのNodeのIPアドレスで指定したポート番号（NodePort）を公開します
- **LoadBalancer**：外部ロードバランサを用いて外部IPアドレスを公開します。ロードバランサは別で用意する必要があります
- **ExternalName**：ServiceをexternalNameフィールドの内容にマッピングします（例えば、ホスト名がapi.example.com）。このマッピングにより、クラスタのDNSサーバがその外部ホスト名の値をもつCNAMEレコードを返すように設定されます

Type: ClusterIP

では、早速ClusterIPでクラスタ内の通信ができることを確認しましょう。まずはIPアドレスを参照します。先ほど作成したhello-server-serviceのCLUSTER-IPをコピーしてください。

```
kubectl get service hello-server-service --namespace default
```

実行結果

```
$ kubectl get service hello-server-service --namespace default
NAME                   TYPE        CLUSTER-IP     EXTERNAL-IP   PORT(S)    AGE
hello-server-service   ClusterIP   10.96.52.85    <none>        8080/TCP   2m55s
```

Part
2
アプリケーションを
壊して学ぶKubernetes

Chapter
6
Kubernetes リソースを
つくって壊そう

つづいて、新たにPodを作成し、curlを叩きます。

```
kubectl run curl --image curlimages/curl --rm  --stdin --tty
--restart=Never --command -- curl <hello-server-serviceの
ClusterIP>:8080
```

実行結果

```
$ kubectl run curl --image curlimages/curl --rm --stdin --tty
↵ --restart=Never --command -- curl 10.96.52.85:8080
Hello, world!pod "curl" deleted
```

ClusterIPを指定し、別のPodからhello-serverにアクセスできました。最後に掃除をしましょう。

```
kubectl delete --filename chapter-06/deployment-hello-server.
yaml --namespace default
kubectl delete --filename chapter-06/service.yaml --namespace
default
```

Type: NodePort

次はNodePortでアクセスしましょう。NodePortを利用するとクラスタ外からもアクセスが可能になるため、port-forwardする必要がなくなります。

準備

Docker Desktop + kindを利用してクラスタを構築している方は特別な設定をする必要があるため、説明します。ほかの環境の方は説明を読み飛ばしてください。次の手順に従ってクラスタを構築し直してください。

まず次のコマンドで既存クラスタを一度削除しましょう。

```
kind delete cluster
```

Part
2
アプリケーションを
壊して学ぶKubernetes

Chapter
6
Kubernetes リソースを
つくって壊そう

つづいて次のファイルをクラスタ構築時に引数で参照します。リポジトリのkind/export-mapping.yamlを利用します。

次のコマンドを実行することで、NodePortを利用できるkindクラスタを構築できます。

```
kind create cluster --name kind-nodeport --config kind/export-mapping.yaml --image=kindest/node:v1.29.0
```

これで設定が完了です。

NodePortのServiceを作成する

type: NodePortではこちらのマニフェストを使用します。

YAML   chapter-06/service-nodeport.yaml

```yaml
apiVersion: v1
kind: Service
metadata:
  name: hello-server-external
spec:
  type: NodePort
  selector:
    app: hello-server
  ports:
    - port: 8080
      targetPort: 8080
      nodePort: 30599 # nodePortのポート番号の指定はオプションですが、Docker
Desktop for Mac + kindの方は必ず指定してください
```

Deploymentを作成し直しましょう。

```
kubectl apply --filename chapter-06/deployment-hello-server.yaml --namespace default
```

Part
2
アプリケーションを
壊して学ぶKubernetes

Chapter
6
Kubernetes リソースを
つくって壊そう

```
$ kubectl apply --filename chapter-06/deployment-hello-server.yaml --namespace default
deployment.apps/hello-server created
```

つづいて、Serviceを作成します。

```
kubectl apply --filename chapter-06/service-nodeport.yaml
--namespace default
```

```
$ kubectl apply --filename chapter-06/service-nodeport.yaml --namespace default
service/hello-server-external created
```

Serviceができていることを確認しましょう。

```
kubectl get service hello-server-external --namespace default
```

```
$ kubectl get service hello-server-external --namespace default
NAME                    TYPE       CLUSTER-IP      EXTERNAL-IP   PORT(S)         AGE
hello-server-external   NodePort   10.96.133.198   <none>        8080:30599/TCP  4s
```

では、アクセスしてみましょう。まずはNodeのIPを取得します。

```
kubectl get nodes -o jsonpath='{.items[*].status.addresses[?(@.
type=="InternalIP")].address}'
```

```
$ kubectl get nodes -o jsonpath='{.items[*].status.addresses[?(@.
↵ type=="InternalIP")].address}'

172.18.0.2%
```

取得した InternalIP を利用してアクセスしましょう。

```
curl <NodeのIP>:30599
```

実行結果　　Docker Desktop+kind以外の場合

```
$ curl 172.18.0.2:30599
Hello, world!
```

Docker Desktop + kind を利用している方は次のコマンドでアクセスしましょう。

```
curl localhost:30599
```

実行結果

```
$ curl localhost:30599
Hello, world!
```

　無事アクセスができました。Pod の起動に少し時間がかかることがあるので、Hello, world! が帰ってこない場合は何度か curl コマンドを実行してみましょう。

　NodePort は全 Node に対して Port をひもづけるので、port-forward をしなくても hello-server にアクセスできます。毎回 port-forward をする必要がなく便利ですが、NodePort は Node が故障などで利用できなくなると使えなくなってしまいます。ローカルの開発環境で使うには便利で良いですが、本番運用環境では ClusterIP や LoadBalancer を利用する方が良いでしょう。

　掃除のため、次のコマンドでリソースを削除してください。

```
kubectl delete --filename chapter-06/deployment-hello-server.yaml
--namespace default
  kubectl delete --filename chapter-06/service-nodeport.yaml
--namespace default
```

Part
2
アプリケーションを
壊して学ぶKubernetes

Chapter
6
Kubernetes リソースを
つくって壊そう

6.3.2　Serviceを利用したDNS

Part
2
アプリケーションを
壊して学ぶKubernetes

Chapter
6
Kubernetes リソースを
つくって壊そう

　クラスタ内アクセスをするとき、IPアドレスでアクセスするとIPアドレスが変わるとアプリケーションに接続できなくなってしまいます。KubernetesではService用のDNSレコードを自動で作成してくれるため、FQDNを覚えておくと便利です。

　通常Serviceは次のコマンドで接続が可能です。

```
<Service名>.<Namespace名>.svc.cluster.local
```

　試してみましょう。まずは次のコマンドでDeploymentとServiceを作成します。

```
kubectl apply --filename chapter-06/service.yaml --namespace default
kubectl apply --filename chapter-06/deployment-hello-server.yaml
--namespace default
```

実行結果

```
$ kubectl apply --filename chapter-06/service.yaml --namespace default
kubectl apply --filename chapter-06/deployment-hello-server.yaml --namespace default

service/hello-server-service created
deployment.apps/hello-server created
```

つづいて、kubectl runを利用してPod内からcurlを実行し、hello-server-serviceにアクセスできることを確認しましょう。

```
kubectl --namespace default run curl --image curlimages/curl
--rm --stdin --tty --restart=Never --command -- curl hello-
server-service.default.svc.cluster.local:8080
```

```
$ kubectl --namespace default run curl --image curlimages/curl --rm
↵ --stdin --tty --restart=Never --command -- curl hello-server-service.
↵ default.svc.cluster.local:8080
Hello, world!pod "curl" deleted
```

最後に掃除をします。

```
kubectl delete --filename chapter-06/service.yaml --namespace default
kubectl delete --filename chapter-06/deployment-hello-server.yaml
--namespace default
```

Part
2
アプリケーションを
壊して学ぶKubernetes

Chapter
6
Kubernetes リソースを
つくって壊そう

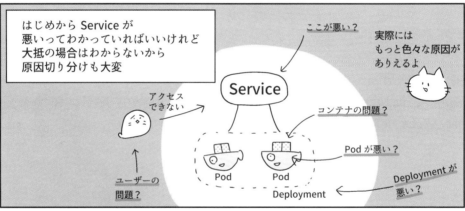

Part
2
アプリケーションを
壊して学ぶKubernetes

Chapter
6
Kubernetes リソースを
つくって壊そう

160

まずは正しく動く環境を作りましょう。今回NodePort環境を利用するため、このChapter からはじめる方やNodePortの環境を消してしまったという方は「6.3.1 Type > Type: NodePort 準備」を参考にNodePortで動く環境を作成してください。6.3.1から手を動かしている方はすでに動く環境があると思います。

つづいて、マニフェストを適用しましょう。

```
kubectl apply --filename chapter-06/service-nodeport.yaml
--namespace default
kubectl apply --filename chapter-06/deployment-hello-server.
yaml --namespace default
```

実行結果

```
$ kubectl apply --filename chapter-06/service-nodeport.yaml --namespace
↵ default
kubectl apply --filename chapter-06/deployment-hello-server.yaml
↵ --namespace default

service/hello-server-external created
deployment.apps/hello-server created
```

アプリケーションが動いていることを確認しましょう。まずはNodeのIPアドレスを取得します。

```
kubectl get nodes -o jsonpath='{.items[*].status.addresses[?(@.
type=="InternalIP")].address}'
```

実行結果

```
$ kubectl get nodes -o jsonpath='{.items[*].status.addresses[?(@.
↵ type=="InternalIP")].address}'
172.18.0.2
```

取得したInternalIPを利用してアクセスしましょう。

```
curl <NodeのIP>:30599
```

Docker Desktop + kind以外の場合

```
$ curl 172.18.0.2:30599
Hello, world!
```

Docker Desktop + kindを利用している方は以下でアクセスしましょう。

```
curl localhost:30599
```

```
$ curl localhost:30599
Hello, world!
```

Hello, world!が返ってきたら正常に動いている証拠です。

つづいて、次のようにマニフェストをapplyします。

```
kubectl apply --filename chapter-06/service-destruction.yaml
--namespace default
```

```
$ kubectl apply --filename chapter-06/service-destruction.yaml
↵ --namespace default
service/hello-server-external configured
```

では、次のコマンドで動作確認してみましょう。

```
curl <NodeのIP>:30599
```

```
$ curl 172.18.0.2:30599
curl: (7) Failed to connect to 172.18.0.2 port 30599: Connection refused
```

Part
2
アプリケーションを
壊して学ぶKubernetes

Chapter
6
Kubernetes リソースを
つくって壊そう

Docker Desktop + kindを利用している方は以下でアクセスしましょう。

```
curl localhost:30599
```

```
curl: (52) Empty reply from server
```

動かなくなってしまいましたね。では、各種リソースを見ていきましょう。まずはPodから
参照しましょう。

```
kubectl get pod --namespace default
```

実行結果

```
$ kubectl get pod --namespace default
NAME                           READY   STATUS    RESTARTS   AGE
hello-server-6cc6b44795-jrshz  1/1     Running   0          11m
hello-server-6cc6b44795-s87wm  1/1     Running   0          11m
hello-server-6cc6b44795-skrlg  1/1     Running   0          11m
```

Podは問題なく動作しています。

つづいて、Deploymentも見てみましょう。

```
kubectl get deployment --namespace default
```

実行結果

```
$ kubectl get deployment --namespace default
NAME          READY   UP-TO-DATE   AVAILABLE   AGE
hello-server  3/3     3            3           11m
```

とくに問題なさそうです。

Part

2

アプリケーションを
壊して学ぶKubernetes

Chapter

6

Kubernetes リソースを
つくって壊そう

つづいて、Serviceリソースを見てみましょう。

```
kubectl get service --namespace default
```

実行結果

```
$ kubectl get service --namespace default
NAME                    TYPE        CLUSTER-IP      EXTERNAL-IP
↵ PORT(S)          AGE
hello-server-external   NodePort    10.96.246.176   <none>
↵ 8080:30599/TCP    12m
kubernetes              ClusterIP   10.96.0.1       <none>        443/
↵ TCP              13m
```

こちらも問題なさそうです。

　困ってしまいますね。ここで改めてトラブルシューティングの方法をおさらいしましょう。多くの本番環境ではインターネット上にサービスを公開しているため、原因の切り分けは一層難しくなります。原因を切り分けるにあたって、なるべくアプリケーションに近いところから切り分けていくと良いです。小さいところから切り分けていき、なるべく狭い範囲で原因を特定できるようにします。今回で言うと、この順番で見ていくと良いでしょう。

1. Pod内からアプリケーションの接続確認を行う
2. クラスタ内かつ別Podから接続確認を行う
3. クラスタ内かつ別PodからService経由で接続確認を行う

　1. に問題があればPod内で何か問題が発生していることがわかります。2. に問題があればPodのネットワーク周りに問題があることがわかります。1. 2. ともに問題がなく、3. に問題があれば、Serviceの設定に問題があることがわかります。1. 2. 3. ともに問題がなければ、クラスタ内とクラスタ外に接続する設定周りに問題があることがわかるでしょう。

　では、順番に見ていきましょう。

Part

2
アプリケーションを
壊して学ぶKubernetes

Chapter

6
Kubernetesリソースを
つくって壊そう

164

1. Pod内からアプリケーションの接続確認を行う

　動作させているコンテナにはシェルが入っていないため、デバッグ用コンテナを起動して確認します。まずはPod名を確認します。今回どのPodもSTATUSが同じなので、適当なPodを選びます。

```
kubectl get pod --namespace default
```

実行結果

```
$ kubectl get pod --namespace default
NAME                             READY   STATUS    RESTARTS   AGE
hello-server-6cc6b44795-jrshz    1/1     Running   0          13m
hello-server-6cc6b44795-s87wm    1/1     Running   0          13m
hello-server-6cc6b44795-skrlg    1/1     Running   0          13m
```

　デバッグコンテナを起動し、localhostにアクセスします。外部に公開しているポート番号とアプリケーションが公開しているポート番号が異なるので注意してください。

```
kubectl --namespace default debug --stdin --tty <Pod名>
--image curlimages/curl --target=hello-server -- sh
```

　shellが起動したら次のコマンドを実行します。
```
curl localhost:8080
```

　終わったら次のコマンドを実行します。
```
exit
```

実行結果

```
$ kubectl --namespace default debug --stdin --tty hello-server-6cc6b44795-jrshz
↵ --image curlimages/curl --target=hello-server -- sh
Targeting container "hello-server". If you don't see processes from this
↵ container it may be because the container runtime doesn't support this feature.
Defaulting debug container name to debugger-dmcfp.
If you don't see a command prompt, try pressing enter.
```

⊙ 次ページへ

Part
2
アプリケーションを
壊して学ぶKubernetes

Chapter
6
Kubernetes リソースを
つくって壊そう

⬇ 前ページのつづき

実行結果

```
$$ curl localhost:8080
Hello, world!
$$ exit
Session ended, the ephemeral container will not be restarted but may be
↵ reattached using 'kubectl attach hello-server-6cc6b44795-jrshz -c debugger-
↵ dmcfp -i -t' if it is still running
```

とくに問題がなさそうなので、Pod内の問題ではないことがわかりました。

---

2. クラスタ内かつ別Podから接続確認を行う

つづいて、クラスタ内に新規に起動したPodから接続を確認します。次のコマンドでPod一覧を参照し、適当なPodのIPをコピーしておきましょう。

```
kubectl get pods -o custom-columns=NAME:.metadata.name,IP:.status.podIP
```

実行結果

```
$ kubectl get pods -o custom-columns=NAME:.metadata.name,IP:.status.podIP

NAME                            IP
hello-server-6cc6b44795-jrshz   10.244.0.6
hello-server-6cc6b44795-s87wm   10.244.0.7
hello-server-6cc6b44795-skrlg   10.244.0.5
```

つづいて、新規作成Podから接続確認します。

```
kubectl --namespace default run curl --image curlimages/curl --rm
--stdin --tty --restart=Never --command -- curl <PodのIP>:8080
```

```
$ kubectl --namespace default run curl --image curlimages/curl --rm
↵ --stdin --tty --restart=Never --command -- curl 10.244.0.6:8080
Hello, world!pod "curl" deleted
```

クラスタ内の別Podからのアクセスは問題ありませんでした。

---

3. クラスタ内かつ別PodからService経由で接続確認を行う

Serviceの情報を取得します。

```
kubectl get svc -o custom-columns=NAME:.metadata.name,IP:.spec.clusterIP
```

実行結果

```
$ kubectl get svc -o custom-columns=NAME:.metadata.name,IP:.spec.clusterIP

NAME                   IP
hello-server-external  10.96.246.176
kubernetes             10.96.0.1
```

ServiceのIPアドレスを利用してService経由でアプリケーションにアクセスします。

```
kubectl --namespace default run curl --image curlimages/curl --rm  --stdin
--tty --restart=Never --command -- curl <hello-server-externalのIP>:8080
```

実行結果

```
$ kubectl --namespace default run curl --image curlimages/curl --rm
↵ --stdin --tty --restart=Never --command -- curl 10.96.246.176:8080
curl: (7) Failed to connect to 10.96.246.176 port 8080 after 0 ms:
↵ Couldn't connect to server
pod "curl" deleted
pod default/curl terminated (Error)
```

Couldn't connect to serverというエラーが返ってきてしまいました。どうやらServiceを通すとアクセスできなくなるようです。では、改めてServiceの設定を見てみましょう。

```
kubectl describe service hello-server-external --namespace default
```

```
$ kubectl describe service hello-server-external --namespace default
Name:                     hello-server-external
Namespace:                default
Labels:                   <none>
Annotations:              <none>
Selector:                 app=hello-serve
Type:                     NodePort
IP Family Policy:         SingleStack
IP Families:              IPv4
IP:                       10.96.246.176
IPs:                      10.96.246.176
Port:                     <unset>  8080/TCP
TargetPort:               8080/TCP
NodePort:                 <unset>  30599/TCP
Endpoints:                <none>
Session Affinity:         None
External Traffic Policy:  Cluster
Events:                   <none>
```

どうでしょう、気付かれたでしょうか。Selectorで app=hello-server ではなく hello-serve（末尾のrが抜けている）になっていますね。パッと見では気付きにくいですが、次のコマンドのように適用前のファイルとのdiffを取るとわかります。

```
kubectl diff --filename chapter-06/service-nodeport.yaml
```

```
$ kubectl diff --filename chapter-06/service-nodeport.yaml
diff -u -N /var/folders/k9/7mf3_xjn5pg750cdn3ndt_h40000gn/T/LIVE-
2652958066/v1.
↵ Service.default.hello-server-external /var/folders/k9/7mf3_
xjn5pg750cdn3ndt_
↵ h40000gn/T/MERGED-3489651979/v1.Service.default.hello-server-external
--- /var/folders/k9/7mf3_xjn5pg750cdn3ndt_h40000gn/T/LIVE-2652958066/
v1.Service.
↵ default.hello-server-external   2023-11-01 00:10:07.000000000 +0900
+++ /var/folders/k9/7mf3_xjn5pg750cdn3ndt_h40000gn/T/MERGED-3489651979/
v1.Service.
↵ default.hello-server-external 2023-11-01 00:10:07.000000000 +0900
@@ -24,7 +24,7 @@
    protocol: TCP
    targetPort: 8080
  selector:
-   app: hello-serve
+   app: hello-server
  sessionAffinity: None
  type: NodePort
 status:
```

「こんなtypo実際にはしないよ〜」と思われるかもしれませんが、意外と些細なところでミスをしてしまうものです。本番運用しているような環境ではgitでマニフェストを管理し、diffを見ながら問題ないマニフェストだけapplyできるようにする重要性がわかるでしょうか。では、どのように実現すれば良いのか？　については [Chapter10　Kubernetesの開発フロー] で詳しく説明します。

今回は、元々利用していたマニフェストをapplyし直すことで修正が可能です。

```
kubectl apply --filename chapter-06/service-nodeport.yaml --namespace default
```

```
$ kubectl apply --filename chapter-06/service-nodeport.yaml --namespace default
service/hello-server-external configured
```

Part
2
アプリケーションを
壊して学ぶKubernetes

Chapter
6
Kubernetes リソースを
つくって壊そう

アプリケーションに接続可能になったことを確認しましょう。

```
curl <NodeのIP>:30599
```

　　　Docker Desktop + kind以外の場合

```
$ curl 172.18.0.2:30599
Hello, world!
```

Docker Desktop + kindを利用している方は以下でアクセスしましょう。

```
curl localhost:30599
```

最後にクラスタごと削除し、掃除をしましょう。

```
kind delete cluster -n kind-nodeport
```

```
$ kind delete cluster -n kind-nodeport
Deleting cluster "kind-nodeport" ...
Deleted nodes: ["kind-nodeport-control-plane"]
```

デフォルトクラスタを立ち上げ直します。

```
kind create cluster --image=kindest/node:v1.29.0
```

Part
2
アプリケーションを
壊して学ぶKubernetes

Chapter
6
Kubernetes リソースを
つくって壊そう

170

6.4 Podの外部から情報を読み込む ConfigMap

　環境変数など、コンテナの外部から値を設定したいときに利用するリソースです。例えば、環境ごとに異なるデータベース名、ユーザー名などを変更する可能性があるすべての設定情報に使えます。

　ConfigMapを利用する方法は3つあります。

1. **コンテナ内のコマンドの引数として読み込む**
2. **コンテナの環境変数として読み込む**
3. **ボリュームを利用してアプリケーションのファイルとして読み込む**

　今回はよく利用する2.と3.の方法を説明していきます。1.に関して詳細を知りたい場合はドキュメント※2をご参照ください。

6.4.1 コンテナの環境変数として読み込む

　環境変数を利用してアプリケーションに設定値を渡す方法です。アプリケーションの実装で環境変数を受け取れるようになっていれば、この方法で簡単に外部から設定値を利用可能です。

　今回はポート番号を外部から指定できるようにhello-serverの実装を変更しました（タグ:1.4）。Kubernetesマニフェストを利用してポート番号を変更してみましょう。マニフェストは次のようになります。

※2　https://kubernetes.io/docs/concepts/configuration/configmap/#configmaps-and-pods

```yaml
apiVersion: apps/v1
kind: Deployment
metadata:
  name: hello-server
  labels:
    app: hello-server
spec:
  replicas: 1
  selector:
    matchLabels:
      app: hello-server
  template:
    metadata:
      labels:
        app: hello-server
    spec:
      containers:
      - name: hello-server
        image: blux2/hello-server:1.4
        env: # コンテナの環境変数を指定する
        - name: PORT
          valueFrom:
            configMapKeyRef:
              name: hello-server-configmap # ConfigMapの名前
              key: PORT # 利用するkey
～～～省略～～～
apiVersion: v1
kind: ConfigMap
metadata:
  name: hello-server-configmap
data:
  PORT: "8081"
```

このマニフェストではポート番号を8081に指定しています。では、マニフェストを利用してリソースを作成していきましょう。

```
kubectl apply --filename chapter-06/configmap/hello-server-
env.yaml --namespace default
```

```
$ kubectl apply --filename chapter-06/configmap/hello-server-env.yaml --namespace default
deployment.apps/hello-server created
configmap/hello-server-configmap created
```

リソースが作成できていることを確認しましょう。

```
kubectl get deployment,configmap --namespace default
```

```
$ kubectl get deployment,configmap --namespace default
NAME               READY    UP-TO-DATE    AVAILABLE    AGE
hello-server       1/1      1             1            38s


NAME                       DATA     AGE
hello-server-configmap     1        11s
kube-root-ca.crt           1        14h
```

port-forwardを利用して疎通確認しましょう。

```
kubectl port-forward deployment/hello-server 8081:8081
--namespace default
```

別のターミナルを開きましょう。

```
curl localhost:8081
```

Part
2
アプリケーションを
壊して学ぶKubernetes

Chapter
6
Kubernetes リソースを
つくって壊そう

```
$ kubectl port-forward deployment/hello-server 8081:8081 --namespace default
Forwarding from 127.0.0.1:8081 -> 8081
Forwarding from [::1]:8081 -> 8081
```

実行結果　　別ターミナル

```
$ curl localhost:8081
Hello, world! Let's learn Kubernetes!
```

ConfigMapのPORTに書かれている値を変更してみましょう。

まず手元にあるchapter-06/configmap/hello-server-env.yamlを変更します。

Diff　　chapter-06/configmap/hello-server-env.yaml

```
apiVersion: apps/v1
kind: Deployment
metadata:
  name: hello-server
〜〜〜省略〜〜〜
apiVersion: v1
kind: ConfigMap
metadata:
  name: hello-server-configmap
data:
- PORT: "8081"
+ PORT: "5555"
```

では変更を適用しましょう。

```
kubectl apply --filename chapter-06/configmap/hello-server-env.yaml
```

実行結果

```
$ kubectl apply --filename chapter-06/configmap/hello-server-env.yaml
deployment.apps/hello-server unchanged
configmap/hello-server-configmap configured
```

Part
2
アプリケーションを
壊して学ぶKubernetes

Chapter
6
Kubernetesリソースを
つくって壊そう

174

ConfigMap経由で設定した環境変数は、アプリケーションの再起動をしないとアプリケーションに反映できません。次のコマンドでアプリケーションを再起動しましょう。

```
kubectl rollout restart deployment/hello-server --namespace default
```

実行結果

```
$ kubectl rollout restart deployment/hello-server --namespace default
deployment.apps/hello-server restarted
```

　ではport-forwardで疎通確認しましょう。以前実行したport-forwardのセッションが残っている場合、一度切断します。

```
kubectl port-forward deployment/hello-server 5555:5555
```

別のターミナルを開きましょう。

```
curl localhost:5555
```

実行結果

```
$ kubectl port-forward deployment/hello-server 5555:5555
Forwarding from 127.0.0.1:5555 -> 5555
Forwarding from [::1]:5555 -> 5555
```

実行結果　　別ターミナル

```
$ curl localhost:5555
Hello, world! Let's learn Kubernetes!
```

　ConfigMapを利用して環境変数を変更できることがわかりました。最後に掃除をしましょう。

```
kubectl delete --filename chapter-06/configmap/hello-server-
env.yaml --namespace default
```

また、もしまだport-forwardを実行途中のターミナルがある場合、Ctrl + Cで終了しましょう。

　環境変数を変更するために毎回アプリケーションの再作成が必要だとサービスの運用が現実的ではないですよね。次に紹介する「ボリュームを利用してコンテナに設定ファイルを読み込ませる」を利用するとアプリケーションの再作成なしでConfigMapの内容を再読み込みできます。

6.4.2　ボリュームを利用して アプリケーションのファイルとして読み込む

　これまでボリュームに関する説明をしていなかったので、これは一体なんだろうと思われるかもしれません。

　Podにはボリュームを設定することができ、消えてほしくないファイルを保存したり、Pod間でファイルを共有したりするファイルシステムを利用するために使用します。本書では、ステートレスなアプリケーションを対象としているためボリュームの説明は省略しますが、ステートフルなアプリケーションではデータを保存しておく場所が必要です。そこで活用するのがボリュームに関連するリソースとなります。詳しくはドキュメントをご参照ください[3]。

　今回はボリュームを利用し、コンテナに設定ファイルを読み込ませます。

　イメージタグ1.5のhello-serverの実装では、アクセスしたときのメッセージを外部から変更できるように実装を修正しました。使用するマニフェストはchapter-06/configmap/hello-server-volume.yamlです。

　このマニフェストではConfigMapからボリュームを作成し、コンテナにボリュームを読み込んでいます。hello-serverにアクセスしたときのメッセージを「I am hungry」に変更しています。

※3　https://kubernetes.io/docs/concepts/storage/volumes/

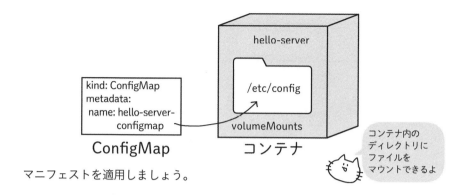

ConfigMap コンテナ

コンテナ内の
ディレクトリに
ファイルを
マウントできるよ

マニフェストを適用しましょう。

```
kubectl apply -f chapter-06/configmap/hello-server-volume.yaml
--namespace default
```

実行結果

```
$ kubectl apply -f chapter-06/configmap/hello-server-volume.yaml --namespace default
deployment.apps/hello-server created
configmap/hello-server-configmap created
```

リソースが正常に作成できていることを確認しましょう。

```
kubectl get pod --namespace default
kubectl describe configmap hello-server-configmap --namespace default
```

実行結果

```
$ kubectl get pod --namespace default
NAME                            READY   STATUS    RESTARTS   AGE
hello-server-594ccc7f64-8jlsx   1/1     Running   0          10s
hello-server-594ccc7f64-pmzxb   1/1     Running   0          10s
hello-server-594ccc7f64-ptqlp   1/1     Running   0          10s

$ kubectl describe configmap hello-server-configmap --namespace default
Name:        hello-server-configmap
Namespace:   default
```

→ 次ページへ

Part
2
アプリケーションを
壊して学ぶKubernetes

Chapter
6
Kubernetes リソースを
つくって壊そう

⬇ 前ページのつづき

```
Labels:        <none>
Annotations:   <none>

Data
====
myconfig.txt:
----
I am hungry.

BinaryData
====

Events:   <none>
```

ConfigMapの内容が確認できます。では、動作を確認していきましょう。

```
kubectl port-forward deployment/hello-server 8080:8080
```

別のターミナルを開きましょう。

```
curl localhost:8080
```

実行結果

```
$ kubectl port-forward deployment/hello-server 8080:8080
Forwarding from 127.0.0.1:8080 -> 8080
Forwarding from [::1]:8080 -> 8080
```

実行結果 別ターミナル

```
$ curl localhost:8080
I am hungry.
```

Hello Worldからメッセージが変わりましたね。

最後に掃除をしましょう。

```
kubectl delete --filename chapter-06/configmap/hello-server-volume.yaml
```

ターミナルでport-forwardを実施している場合はCtrl＋Cで終了しましょう。

Part
2
アプリケーションを
壊して学ぶKubernetes

Chapter
6
Kubernetes リソースを
つくって壊そう

6.4.3 壊す ConfigMapを設定したら壊れた！

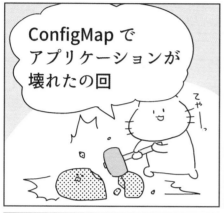

ConfigMapで
アプリケーションが
壊れたの回

てゃー

ConfigMapは
アプリケーションに必要な
情報を外に出して
変更しやすくするために使う...

アプリケーション　シュポーン　設定情報

外に出さないと
変更のたびに
デプロイしないと
いけない!!

設定情報を
読みこめないので

Error

アプリ

つまり、変更したら
壊れるのはよくある話！

変更していないせいで
壊れるのもあるある！

嬉しくないけれどね！

ヤダわ...

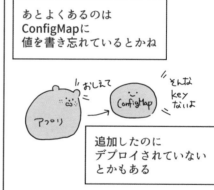

あとよくあるのは
ConfigMapに
値を書き忘れているとかね

アプリ　おしえて　ConfigMap　そんな
key
ないよ

追加したのに
デプロイされていない
とかもある

あとは検証環境と
本番環境で値を変えているから

検証環境では
動くけれど
本番環境では動かない
とかもある

DBのアクセス先
とかね

事前に防げることばかりじゃ
ないから
しっかりトラブルシュート
できるようになろう

すー！

Part
2
アプリケーションを
壊して学ぶKubernetes

Chapter
6
Kubernetes リソースを
つくって壊そう

では、ConfigMapを使ってアプリケーションを壊してみましょう。まずは正しく動く環境を作ります。一度使用したhello-server-env.yamlを利用します。6.4.1でポート番号を変更しているため、いったん元に戻しましょう。

6.4.1でポート番号を変更して

YAML　chapter-06/configmap/hello-server-env.yaml

```yaml
apiVersion: apps/v1
kind: Deployment
metadata:
  name: hello-server
～～～省略～～～
apiVersion: v1
kind: ConfigMap
metadata:
  name: hello-server-configmap
data:
- PORT: "5555"
+ PORT: "8081"
```

```
kubectl apply --filename chapter-06/configmap/hello-server-env.yaml
```

実行結果

```
$ kubectl apply --filename chapter-06/configmap/hello-server-env.yaml
deployment.apps/hello-server created
configmap/hello-server-configmap created
```

正常にPodが作成できることを確認しましょう。

```
kubectl get pod --namespace default
```

実行結果

```
$ kubectl get pod --namespace default
NAME                            READY   STATUS    RESTARTS   AGE
hello-server-66b94d84cb-h4vgm   1/1     Running   0          16s
```

Part
2
アプリケーションを
壊して学ぶKubernetes

Chapter
6
Kubernetes リソースを
つくって壊そう

port-forwardで動作確認しましょう。

```
kubectl port-forward deployment/hello-server 8081:8081
```

別のターミナルを開きましょう。

```
curl localhost:8081
```

```
$ kubectl port-forward deployment/hello-server 8081:8081
Forwarding from 127.0.0.1:8081 -> 8081
Forwarding from [::1]:8081 -> 8081
```

別ターミナル

```
$ curl localhost:8081
Hello, world! Let's learn Kubernetes!
```

"Hello, world!"が返ってくればアプリケーションが正常に動作しています。うまくいかない場合、6.4.1でポート番号を5555に変更したままかもしれません。ConfigMapのポート番号を8081に直してkubectl deleteとapplyをしなおしましょう。

では、新しいマニフェストをapplyしましょう。

```
kubectl apply --filename chapter-06/configmap/hello-server-destruction.yaml
```

```
$ kubectl apply --filename chapter-06/configmap/hello-server-destruction.
↵ yaml
deployment.apps/hello-server configured
configmap/hello-server-configmap unchanged
```

疎通確認してみましょう。先ほどport-forwardを実行したままだと思うので、そのまま次のコマンドを実行しましょう。

Part

2

アプリケーションを
壊して学ぶKubernetes

Chapter

6

Kubernetes リソースを
つくって壊そう

```
curl localhost:8081
```

```
$ curl localhost:8081
curl: (52) Empty reply from server
```

アプリケーションが壊れてしまいました！

それでは何が起こっているのかみていきましょう。まずはPodの状態を確認します。

```
kubectl get pod --namespace default
```

実行結果

```
$ kubectl get pod --namespace default
NAME                         READY    STATUS                     RESTARTS    AGE
hello-server-67588987f-wbtlp 0/1      CreateContainerConfigError 0           3s
```

STATUSがCreateContainerConfigErrorになっています。

Podに問題がありそうだということがわかったので、詳細を見ていきます。

```
kubectl describe pod --namespace default
```

実行結果

```
$ kubectl describe pod --namespace default
Name:           hello-server-67588987f-wbtlp
Namespace:      default
Priority:       0
~~~省略~~~
  Normal   Scheduled  2m50s                   default-scheduler  Successfully
↵ assigned default/hello-server-67588987f-wbtlp to kind-control-plane
  Warning  Failed     37s (x12 over 2m49s)    kubelet            Error: couldn't
↵ find key HOST in ConfigMap default/hello-server-configmap
  Normal   Pulled     22s (x13 over 2m49s)    kubelet            Container image
↵ "blux2/hello-server:1.4" already present on machine
```

Part
2
アプリケーションを
壊して学ぶKubernetes

Chapter
6
Kubernetes リソースを
つくって壊そう

Error: couldn't find key HOST in ConfigMap default/hello-server-configmapと言われ
ていますね。どうやらConfigMapにHOSTというkeyがないようです。

まずは次のコマンドを利用してDeploymentのマニフェストでHOSTのkeyを指定している
ところを確認しましょう。

```
kubectl get deployment hello-server --output yaml --namespace default
```

実行結果

```
$ kubectl get deployment hello-server --output yaml --namespace default
apiVersion: apps/v1
kind: Deployment
~~~省略~~~
      containers:
      - env:
        - name: PORT
          valueFrom:
            configMapKeyRef:
              key: PORT
              name: hello-server-configmap
        - name: HOST
          valueFrom:
            configMapKeyRef:
              key: HOST
              name: hello-server-configmap
```

Deploymentでは確かにhello-server-configmapにHOSTがあることを想定しています。

つづいて、hello-server-configmapという名前のConfigMapの中身を見てみましょう。

```
kubectl get configmap hello-server-configmap --output yaml --namespace default
```

Part
2
アプリケーションを
壊して学ぶKubernetes

Chapter
6
Kubernetes リソースを
つくって壊そう

183

```
$ kubectl get configmap hello-server-configmap --output yaml --namespace default
apiVersion: v1
data:
  PORT: "8081"  --- PORTしか存在しない
kind: ConfigMap
metadata:
  annotations:
    kubectl.kubernetes.io/last-applied-configuration: |
      {"apiVersion":"v1","data":{"PORT":"8081"},"kind":"ConfigMap","metadata":{"annota
↵ tions":{},"name":"hello-server-configmap","namespace":"default"}}
  creationTimestamp: "2023-08-06T12:18:32Z"
  name: hello-server-configmap
  namespace: default
  resourceVersion: "33783"
  uid: bb623faa-be68-4e65-bf9f-31b5dc14f548
```

DeploymentではHOSTというkeyを想定していますが、ConfigMapのdataにはPORTしかありません。ConfigMapを作成し忘れた、keyを足し忘れた、別のConfigMapを読み込んでしまっている、こういった間違いはたまにあります。

ただし、こういった間違いでもDeploymentのRolling Upgradeを利用していれば、Deploymentのハンズオンのときのようにアプリケーションが接続不能になることを防いでくれるはずです。何が悪かったのでしょうか。

改めてDeploymentのマニフェストを確認してみましょう。

```
kubectl get deployment hello-server --output yaml --namespace default
```

```
$ kubectl get deployment hello-server --output yaml --namespace default
apiVersion: apps/v1
kind: Deployment
~~~省略~~~
  strategy:
    rollingUpdate:
      maxSurge: 0
      maxUnavailable: 25%
    type: RollingUpdate
~~~以下略~~~
```

　実はmaxSurgeを明示的に0にしていました。maxSurgeが1以上であれば正常に動作する
Podが残ったままなので、壊れることはなかったでしょう。

　では原因がわかったところで、次のマニフェストを適用して修正しましょう。今回は指定する
ConfigMapは正しく、keyを足し忘れていた、という状況を想定します。

　次のようにローカルのchapter-06/configmap/hello-server-destruction.yamlを編集しましょう。

YAML　chapter-06/configmap/hello-server-destruction.yaml

```
apiVersion: apps/v1
kind: Deployment
metadata:
  name: hello-server
~~~省略~~~
---
apiVersion: v1
kind: ConfigMap
metadata:
  name: hello-server-configmap
data:
  PORT: "8081"
+ HOST: "localhost"
```

Part
2
アプリケーションを
壊して学ぶKubernetes

Chapter
6
Kubernetes リソースを
つくって壊そう

修正したら適用しましょう。

```
kubectl apply --filename chapter-06/configmap/hello-server-destruction.yaml --namespace default
```

```
$ kubectl apply --filename chapter-06/configmap/hello-server-
↵ destruction.yaml --namespace default
deployment.apps/hello-server unchanged
configmap/hello-server-configmap configured
```

Pod状態を確認しましょう。

```
kubectl get pod --namespace default
```

```
$ kubectl get pod --namespace default
NAME                          READY    STATUS     RESTARTS    AGE
hello-server-67588987f-wbtlp  1/1      Running    0           14m
```

設定の反映に少し時間がかかることもあります。しばらく経ってからSTATUSを確認してみてください。

Part
2
アプリケーションを
壊して学ぶKubernetes

Chapter
6
Kubernetes リソースを
つくって壊そう

再度`port-forward`を実行してアプリケーションの接続確認を行います。

```
kubectl port-forward deployment/hello-server 8081:8081
--namespace default
```

別のターミナルを開きましょう。

```
curl localhost:8081
```

実行結果

```
$ kubectl port-forward deployment/hello-server 8081:8081 --namespace default
Forwarding from 127.0.0.1:8081 -> 8081
Forwarding from [::1]:8081 -> 8081
```

実行結果　　別ターミナル

```
$ curl localhost:8081
Hello, world! Let's learn Kubernetes!
```

Hello, world! Let's learn Kubernetes!の文字が表示され、アプリケーションと無事疎通が取れたことがわかりました。

最後に掃除をしましょう。

```
kubectl delete --filename chapter-06/configmap/hello-server-destruction.yaml --namespace default
```

Part

2

アプリケーションを
壊して学ぶKubernetes

Chapter

6

Kubernetes リソースを
つくって壊そう

6.5　機密データを扱うためのSecret

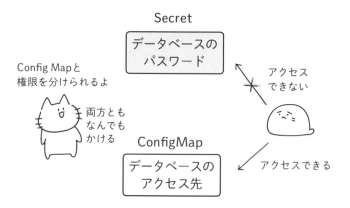

Secret
データベースの
パスワード

Config Mapと
権限を分けられるよ

両方とも
なんでも
かける

ConfigMap
データベースの
アクセス先

アクセス
できない

アクセスできる

　例えば、データベースのパスワードを実装にハードコーディングしたくないケース、データベースのユーザー名パスワードを本番環境とそれ以外で変えているようなケースではアプリケーションの外から値を設定したいですよね。アプリケーションの外部から設定情報を指定するにはConfigMapが使えると説明しましたが、ConfigMapを参照できる人が全員秘密情報にアクセスできるのはセキュリティ上望ましくないですよね。

　そこでSecretというリソースを使用することで、アクセス権を分けられます。SecretのデータはBase64でエンコードして登録する必要があります。

　Base64のエンコードは次のコマンド[4]で実施できます（macOSはbrew install base64する必要があります）。

```
echo -n <エンコードしたい文字列> | base64
```

SecretをPodに読み込む方法は2種類あります。1つずつ解説していきます。

1. コンテナの環境変数として読み込む
2. ボリュームを利用してコンテナに設定ファイルを読み込む

....

※4　echo：文字列を標準出力するLinuxコマンド、base64：標準入力の文字列をBase64でエンコードするLinuxコマンド

188

6.5.1 コンテナの環境変数として読み込む

まずはSecretのデータを作成しましょう。

```
echo -n 'admin' | base64
echo -n 'admin123' | base64
```

実行結果

```
$ echo -n 'admin' | base64
YWRtaW4=
$ echo -n 'admin123' | base64
YWRtaW4xMjM=
```

作成したデータを利用してマニフェストを作成します。

YAML　chapter-06/secret/nginx-sample.yaml

```yaml
apiVersion: v1
kind: Pod
metadata:
  name: nginx-sample
～～～省略～～～
apiVersion: v1
kind: Secret
metadata:
  name: mysecret
type: Opaque
data:
  username: YWRtaW4= # 先ほど生成したadminをエンコードした文字列
  password: YWRtaW4xMjM= # 先ほど生成したadmin123をエンコードした文字列
```

マニフェストを適用します。

```
kubectl apply -f chapter-06/secret/nginx-sample.yaml --namespace default
```

実行結果

```
$ kubectl apply -f chapter-06/secret/nginx-sample.yaml --namespace default
pod/nginx-sample created
secret/nginx-secret created
```

リソースが正常に作成できていることを確認しましょう。

```
kubectl get pod,secrets --namespace default
```

実行結果

```
$ kubectl get pod, secrets --namespace default
NAME             READY    STATUS     RESTARTS    AGE
nginx-sample     1/1      Running    0           50s


NAME             TYPE      DATA    AGE
nginx-secret     Opaque    2       29s
```

問題なく作成できました。それでは、NGINXのコンテナにログインして環境変数を参照してみましょう。

```
kubectl exec -it nginx-sample -- /bin/sh
```

NGINXのコンテナにログイン後、環境変数を参照します。

```
echo $USERNAME
echo $PASSWORD
```

```
$ kubectl exec -it nginx-sample -- /bin/sh
$$ echo $USERNAME
admin
$$ echo $PASSWORD
admin123
```

　環境変数が読み込まれていることが確認できました。exitでコンテナのターミナルから抜けましょう。最後に掃除をしましょう。

```
kubectl delete --filename chapter-06/secret/nginx-sample.yaml
```

6.5.2　ボリュームを利用して コンテナに設定ファイルを読み込む

　chapter-06/secret/nginx-volume.yamlというマニフェストを使用します。このマニフェストではNGINXコンテナ内の/etc/configというパスにSecretを読み込んでいます。

　マニフェストを環境にapplyします。

```
kubectl apply -f chapter-06/secret/nginx-volume.yaml --namespace default
```

```
$ kubectl apply -f chapter-06/secret/nginx-volume.yaml --namespace default
pod/nginx-sample created
secret/nginx-secret created
```

Part

2

アプリケーションを
壊して学ぶKubernetes

Chapter

6

Kubernetes リソースを
つくって壊そう

Podができていることを確認しましょう。

```
kubectl get pod --namespace default
```

```
$ kubectl get pod --namespace default
NAME                      READY   STATUS    RESTARTS   AGE
nginx-sample              1/1     Running   0          3m58s
```

問題なく作成できました。それでは、NGINXのコンテナにログインして環境変数を参照してみましょう。

```
kubectl exec --stdin --tty nginx-sample -- /bin/sh
```

NGINXのコンテナにログイン後、環境変数を参照します。

```
cat /etc/config/server.key
```

```
$ kubectl exec --stdin --tty nginx-sample -- /bin/sh
root@nginx-sample:/$$ cat /etc/config/server.key
eM9ku3ecCpUL9zPoIIuG2ptZZC5Cu4ZCQXRymlHajYvZyffpM6
```

無事server.keyが読み込めました。確認できたらexitを実行し、NGINXコンテナのshellから抜けましょう。

最後に掃除をします。

```
kubectl delete --filename chapter-06/secret/nginx-volume.yaml
```

Part
2
アプリケーションを
壊して学ぶKubernetes

Chapter
6
Kubernetes リソースを
つくって壊そう

6.6　1回限りのタスクを実行するためのJob

Jobは1回限り実行したいPodに利用します。Jobを実行すると、Podの実行が成功するまで指定した回数リトライを実行します。また、Podは複数同時に実行することも可能です。

マニフェストのサンプルを見てみましょう。

YAML　chapter-06/job.yaml

```yaml
apiVersion: batch/v1
kind: Job
metadata:
  name: date-checker
spec:
  template:
    spec:
      containers:
      - name: date
        image: ubuntu:22.04 # Jobを利用してここに書かれたイメージのコンテナを起動する
        command: ["date"] # コンテナ内でdateというコマンドを実行する
      restartPolicy: Never
  backoffLimit: 4
```

このJobはUbuntu 22.04上でdateコマンド（日時が表示されます）を打つだけの簡単なジョブです。applyすると次の結果が得られます。

```
kubectl apply --filename chapter-06/job.yaml --namespace default
```

実行結果

```
$ kubectl apply --filename chapter-06/job.yaml --namespace default
job.batch/date-checker created
```

193

Jobリソースを確認しましょう。

```
kubectl get job --namespace default
```

```
$ kubectl get job --namespace default
NAME            COMPLETIONS   DURATION   AGE
date-checker    1/1                      10s        25s
```

Podリソースも確認しましょう。

```
kubectl get pod --namespace default
```

実行結果

```
$ kubectl get pod --namespace default
NAME                 READY    STATUS       RESTARTS   AGE
date-checker-fmp6c   0/1      Completed    0          21s
```

PodのReadyカラムを見てみると、Ready状態のPod数が0/1となっています。ReadyなPod数が1/1のような状態に見慣れていると異常が発生していると思われるかもしれません。Chapter5の頭で説明したように、PodのReadyステータスは「コンテナが起動中」を意味しています。Jobが完了するとコンテナは停止しているため、ReadyなPodが1つもないことは想定どおりの挙動です。

Pod名をコピーし、ログを確認しましょう。

```
kubectl logs <Pod名> --namespace default
```

実行結果

```
$ kubectl logs date-checker-fmp6c --namespace default
Sat Aug 26 03:57:11 UTC 2023
```

Podのログに`date`コマンドの結果が書かれています。

Jobの詳細を見てみましょう。

```
kubectl describe job date-checker --namespace default
```

実行結果

```
$ kubectl describe job date-checker --namespace default
Name:           date
Namespace:      default
Selector:       batch.kubernetes.io/controller-uid=eab21b78-d647-40a1-
↵ 956c-c67d5cf143c6
Labels:         batch.kubernetes.io/controller-uid=eab21b78-d647-40a1-
↵ 956c-c67d5cf143c6
                batch.kubernetes.io/job-name=date-checker
                controller-uid=eab21b78-d647-40a1-956c-c67d5cf143c6
                job-name=date-checker
Annotations:    <none>
Parallelism:    1
Completions:    1
Completion Mode: NonIndexed
Start Time:     Sat, 26 Aug 2023 12:57:04 +0900
Completed At:   Sat, 26 Aug 2023 12:57:14 +0900
Duration:       10s
Pods Statuses:  0 Active (0 Ready) / 1 Succeeded / 0 Failed --- ❶
Pod Template:
  Labels:  batch.kubernetes.io/controller-uid=eab21b78-d647-40a1-956c-
↵ c67d5cf143c6
           batch.kubernetes.io/job-name=date-checker
           controller-uid=eab21b78-d647-40a1-956c-c67d5cf143c6
           job-name=date-checker
～～～省略～～～
Events:
  Type    Reason           Age    From           Message
  ----    ------           ----   ----           -------
  Normal  SuccessfulCreate 3m8s   job-controller Created pod: date-
↵ checker-fmp6c
  Normal  Completed        2m58s  job-controller Job completed
```

Part
2
アプリケーションを
壊して学ぶKubernetes

Chapter
6
Kubernetesリソースを
つくって壊そう

Jobの詳細❶を見てみると、「1 Succeeded 」とJobの実行結果が成功していることがわかります。

最後に掃除をしましょう。

```
kubectl delete --filename chapter-06/job.yaml --namespace default
```

Part
2
アプリケーションを
壊して学ぶKubernetes

Chapter
6
Kubernetes リソースを
つくって壊そう

6.7　Jobを定期的に実行するためのCronJob

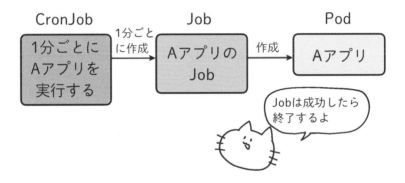

CronJobは定期的にJobを生成するリソースです。Linuxに慣れている方はご存じのcronと同様の動きをするJobになります。定期的に実行したいジョブがある場合、このリソースを作成します。CronJobはJobを作成し、JobはPodを作成します。

マニフェストを見てみましょう。

```YAML chapter-06/cronjob.yaml
apiVersion: batch/v1
kind: CronJob
metadata:
  name: date
spec:
  schedule: "*/2 * * * *" # ここに書かれたscheduleにしたがってJobを生成する
  jobTemplate:
    spec:
      template:
        spec:
          containers:
          - name: date
            image: ubuntu:22.04
            command: ["date"]
          restartPolicy: Never
```

scheduleにいつJobを実行するかを書きます[5]。基本的な書式はLinuxのcronを書いたことがある方にはなじみがあるでしょう。

```
# ┌─────────────── minute (0 - 59)
# │ ┌───────────── hour (0 - 23)
# │ │ ┌─────────── day of the month (1 - 31)
# │ │ │ ┌───────── month (1 - 12)
# │ │ │ │ ┌─────── day of the week (0 - 6) (Sunday to Saturday;
# │ │ │ │ │                                 7 is also Sunday on some systems)
# │ │ │ │ │                                 OR sun, mon, tue, wed, thu, fri, sat
# │ │ │ │ │
# * * * * *
```

/<数字>はスラッシュの左に書いた値の範囲で<数字>ごとに実行する、という意味です。アスタリスク（*）は<最初>-<最後>という範囲を指定する意味をもっており、例えばminuteの欄に書いてあるアスタリスクは0-59と同等の範囲の指定です。マニフェストのスケジュールに書かれている*/2は"2分ごとに実行する"ということを意味しています。

---

[5] 指定した日時のタイムゾーンは、デフォルトでは kube-controller-manager のタイムゾーンに基づいています。また、.spec.timeZoneに特定のタイムゾーンを指定することもできます。

試してみましょう。まずは先ほどのマニフェストを適用します。

```
kubectl apply --filename chapter-06/cronjob.yaml --namespace default
```

```
$ kubectl apply --filename chapter-06/cronjob.yaml --namespace default
cronjob.batch/date created
```

作成したCronJobリソースを参照してみましょう。

```
kubectl get cronjob --namespace default
```

```
$ kubectl get cronjob --namespace default
NAME   SCHEDULE     SUSPEND   ACTIVE   LAST SCHEDULE   AGE
date   */2 * * * *  False     0        39s             112m
```

2分ごとにJobを実行するため、定期的に実行されていることを確認するために5分ほど待ちます。待った後にJobとPodを確認しましょう。

```
kubectl get job --namespace default
```

```
$ kubectl get job --namespace default
NAME           COMPLETIONS   DURATION   AGE
date-28378744  1/1           2s         2m26s
date-28378746  1/1           3s         26s
```

定期的に実行されていそうですね。

Podも参照してみましょう。

```
kubectl get pod --namespace default
```

実行結果

```
$ kubectl get pod --namespace default
NAME                    READY    STATUS       RESTARTS    AGE
date-28378744-vghxq     0/1      Completed    0           2m41s
date-28378746-7fqzb     0/1      Completed    0           41s
```

AGEカラムを見ると2分ごとに実行されていることがわかります。最後に掃除をしましょう。これを忘れると2分ごとにJobが実行され続けてしまいますので、忘れずに掃除をしましょう。

```
kubectl delete --filename chapter-06/cronjob.yaml --namespace default
```

Part
2
アプリケーションを
壊して学ぶKubernetes

Chapter
6
Kubernetes リソースを
つくって壊そう

Chapter

7

安全なステートレス・
アプリケーションをつくるには

　このChapterではステートレスなアプリケーションを対象として、安全なアプリケーションを作るために利用できるKubernetesの機能をご紹介します。アプリケーションを運用するためには単にアプリケーションが動いているだけではなく、動き続ける（可用性をあげる）必要があります。このChapterを読んでアプリケーションを本番運用するヒントを得ましょう。

Part
2
アプリケーションを
壊して学ぶKubernetes

Chapter
7
安全なステートレス・
アプリケーションをつくるには

7.1　アプリケーションのヘルスチェックを行う

　Kubernetesはアプリケーションのヘルスチェックを行い、ヘルシーではないときに自動で
ServiceやPodを制御する仕組みがあります。

　これから説明する3種類のProbe（探査する、調査するという意味の英単語）はそれぞれ用途
にあった使い方をすると、とても強力に働いてくれます。

- Readiness probe
- Liveness probe
- Startup probe

1つずつ説明していきます。

7.1.1　Readiness probe

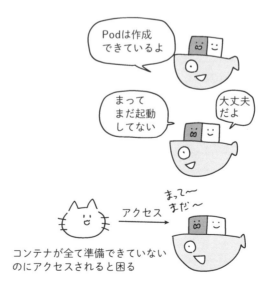

コンテナが全て準備できていない
のにアクセスされると困る

コンテナが起動することと、トラフィックが受けられる状態になることは必ずしも一致しません。例えば、起動が重いアプリケーションはコンテナを起動開始してからトラフィックを受け取れるようになるまでに、しばらく待ってもらう必要があります。このようにコンテナがReadyになるまでの時間やエンドポイントを制御するのがReadiness probeです。

　では、マニフェストを具体的に見ていきましょう。chapter-07/pod-readiness.yamlを使用します。

Part
2
アプリケーションを
壊して学ぶKubernetes

Chapter
7
安全なステートレス・
アプリケーションをつくるには

YAML chapter-07/pod-readiness.yaml

```
apiVersion: v1
kind: Pod
metadata:
  labels:
    app: httpserver
  name: httpserver-readiness
spec:
  containers:
  - name: httpserver
    image: blux2/delayfailserver:1.1
    readinessProbe: # readinessProbeの設定を書く
      httpGet:
        path: /healthz
        port: 8080
      initialDelaySeconds: 5
      periodSeconds: 5
```

　このマニフェストでは/healthzというヘルスチェック用エンドポイントの8080番ポートに対して、5秒に一度ヘルスチェック用リクエストを送るという設定になっています。initialDelaySecondsは最初のProbeが実施されるまでに5秒待つということを言っています。リクエストのHTTPレスポンスが200以上400未満はReadine Probe成功と見なされ、それ以外は失敗と見なされます。

　このマニフェストではHTTPリクエストを利用していますが、コマンドを実行したりTCPソケットを使用するProbeを設定したりすることが可能です（version 1.24からはgRPCもbetaとして利用可能）。詳細は公式ドキュメント[1]をご参照ください。

──
※1　https://kubernetes.io/docs/tasks/configure-pod-container/configure-liveness-readiness-startup-probes

Readinessと名前に付いていますが、コンテナ起動時のみならずPodのライフサイクルすべてにおいて、このProbeは有効です。Readiness probeが失敗すると、Serviceリソースの接続対象から外され、トラフィックを受けなくなります。そのため、適切にモニタリングをしないとPodの数が減っていることに気付かないかもしれません。モニタリングについてはChapter11で詳しく説明します。

では、マニフェストを環境に適用してみましょう。

```
kubectl apply --filename chapter-07/pod-readiness.yaml
```

実行結果

```
$ kubectl apply --filename chapter-07/pod-readiness.yaml
pod/httpserver-readiness created
```

今回利用したコンテナイメージは起動10秒後にヘルスチェックでエラーが返るようになっています。Podを少しwatchしてみましょう。

```
kubectl get pod --watch --namespace default
```

実行結果

```
$ kubectl get pod --watch --namespace default
NAME                    READY    STATUS      RESTARTS    AGE
httpserver-readiness    0/1      Running     0           7s
httpserver-readiness    1/1      Running     0           15s
```

最初はREADY 1/1だったのに、しばらくするとREADY 0/1になってしまいました。logを参照すると、ヘルスチェックが途中でエラーになったことがわかります。

```
kubectl logs httpserver-readiness  --namespace default
```

```
$ kubectl logs httpserver-readiness  --namespace default
2023/10/08 14:19:33 Starting server...
2023/10/08 14:19:38 Health Check: OK
2023/10/08 14:19:43 Health Check: OK
2023/10/08 14:19:48 Error: Service Unhealthy --- ここから先ずっとエラー
2023/10/08 14:19:53 Error: Service Unhealthy
2023/10/08 14:19:58 Error: Service Unhealthy
2023/10/08 14:20:03 Error: Service Unhealthy
2023/10/08 14:20:08 Error: Service Unhealthy
～～～以下略～～～
```

ヘルスチェックがエラーになったことでコンテナがREADYカウントに含まれなくなったことがわかりますね。また設定どおり、5秒ごとにヘルスチェックが行われていることがよくわかります。

最後に掃除をします。

```
kubectl delete --filename chapter-07/pod-readiness.yaml
--namespace default
```

7.1.2 Liveness probe

Liveness probe は Readiness probe と似ていますが、Probe が失敗したときの挙動が変わります。Readiness probe は Service から接続を外すのに対して、Liveness probe は Pod を再起動します。これは「Pod がハングしてしまい、再起動で直る」といったケースが想定される場合に有効です。逆に Liveness probe は再起動を無限に繰り返してしまうリスクがあるため、安易に導入することはおすすめしません。

では、マニフェストを見ていきましょう。Readiness probe とほとんど同じになります。

```
apiVersion: v1
kind: Pod
metadata:
  labels:
    app: httpserver
  name: httpserver-liveness
spec:
  containers:
  - name: httpserver
    image: blux2/delayfailserver:1.1
    livenessProbe:
      httpGet:
        path: /healthz
        port: 8080
      initialDelaySeconds: 5
      periodSeconds: 5
```

Liveness probe と Readiness probe を同時に設定することは可能です。ただし、Liveness probe は Readiness probe を待つといった挙動はしないため、Readiness を先に実行したい場合は initialDelaySeconds を調整するか、後述する Startup probe を使用する必要があります。

一般には次のように Readiness probe が先に実行されることが推奨されます。

YAML

```
readinessProbe:
  httpGet:
    path: /healthz
    port: 8080
  initialDelaySeconds: 10
  periodSeconds: 5
livenessProbe:
  httpGet:
    path: /healthz
    port: 8080
  initialDelaySeconds: 30
  periodSeconds: 5
```

Part
2
アプリケーションを
壊して学ぶKubernetes

Chapter
7
安全なステートレス・
アプリケーションをつくるには

では、Liveness probeを確認してみましょう。

```
kubectl apply --filename chapter-07/pod-liveness.yaml
--namespace default
```

```
$ kubectl apply --filename chapter-07/pod-liveness.yaml --namespace default
pod/httpserver-liveness created
```

では、Podをwatchしましょう。Readiness Probeで使用したイメージと同様、10秒後にヘルスチェックがエラーを返します。

```
kubectl get pod --watch --namespace default
```

```
$ kubectl get pod --watch --namespace default
NAME                  READY   STATUS            RESTARTS       AGE
httpserver-liveness   1/1     Running           0              5s
httpserver-liveness   1/1     Running           1 (0s ago)     25s
httpserver-liveness   1/1     Running           2 (0s ago)     50s
httpserver-liveness   1/1     Running           3 (0s ago)     75s
httpserver-liveness   1/1     Running           4 (0s ago)     100s
httpserver-liveness   0/1     CrashLoopBackOff  4 (1s ago)     2m6s
httpserver-liveness   1/1     Running           5 (51s ago)    2m56s
httpserver-liveness   0/1     CrashLoopBackOff  5 (1s ago)     3m21s
^C%
```

CrashLoopBackOffが発生し、RESTARTSの回数が次第に増えていることがわかります。このようにLiveness probeに失敗すると、原因が解消されるまで再起動を繰り返します。再起動で直るようなケースであれば良いのですが、アプリケーションを修正しないと直らないバグの場合、修正がデプロイされるまで再起動し続けます。また、Readiness probeを設定しないケースや、Readiness probeとLiveness probeで設定内容が異なるケースでは要注意です。

このようなケースでは、今回行ったようにSTATUSはRunningなので、kubectl get podしただけではLiveness Probeが失敗していることに気付けないこともあります。Liveness probeは慎重に設定しましょう。

PodをdescribeするとprobeがFailしていることが確認できます。RESTARTの値が異常だと感じたときには見てみると良いでしょう。

kubectl describe pod httpserver-liveness --namespace default

実行結果

```
$ kubectl describe pod httpserver-liveness --namespace default
Name:              httpserver-liveness
Namespace:         default
Priority:          0
Service Account:   default
Node:              kind-worker2/172.18.0.2
Start Time:        Sun, 08 Oct 2023 23:30:50 +0900
.
.
.
Events:
  Type     Reason     Age                   From       Message
  ----     ------     ----                  ----       -------
~~~省略~~~
  Normal   Killing    10m (x3 over 11m)     kubelet    Container
↵ httpserver failed liveness probe, will be restarted
  Warning  Unhealthy  6m39s (x21 over 11m)  kubelet    Liveness
↵ probe failed: HTTP probe failed with statuscode: 503
  Warning  BackOff    95s (x36 over 9m39s)  kubelet    Back-off
↵ restarting failed container httpserver in pod httpserver-liveness_
↵ default(408714d7-8ce6-4461-a26b-0802df5690ac)
```

最後に掃除をします。

```
kubectl delete --filename chapter-07/pod-liveness.yaml
--namespace default
```

7.1.3　Startup probe

　Startup probeは、Podの初回起動時のみに利用するProbeです。起動が遅いアプリケーションなどに使用することが想定されます。Startup probeはKubernetes version 1.18から導入された機能なので、それ以前はReadiness probeやLiveness probeのinitialDelaySecondsで代替していました。

　マニフェストはReadiness/Liveness probeとほぼ同じです。

YAML

```
startupProbe:
  httpGet:
    path: /healthz
    port: liveness-port
  failureThreshold: 30
  periodSeconds: 10
```

　このマニフェストでは最大30秒×10回=300秒コンテナの起動を待つ設定になります。

7.1.4 　壊す　STATE は Running だけれど……

Readiness Probe と
Liveness Probe は
うまく設定できれば
強力な助けになるけれど
失敗すると困ったことになるよ

でやー

困ったこと？

アプリケーションが健全なのに、
トラフィックが流れなくなるとか

だめでーす

アプリ

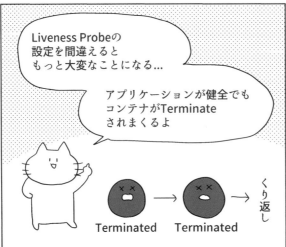

Liveness Probeの
設定を間違えると
もっと大変なことになる...

アプリケーションが健全でも
コンテナがTerminate
されまくるよ

Terminated → Terminated → くり返し

ウヒョ〜〜〜
大変だあ〜〜〜

最初のうちは
間違えることもあるから
ハンズオンで調査方法を
試してみよう

経験値を
あげるしかない！

アプリケーションはそのままに
Readiness Probe、Liveness Probe を
設定するマニフェストを
使いましょう！！

Part
2
アプリケーションを壊して学ぶKubernetes

Chapter
7
安全なステートレス・アプリケーションをつくるには

210

では、Readiness probeとLiveness probeを使ったハンズオンをやってみましょう。早速マニフェストをapplyします。

```
kubectl apply --filename chapter-07/deployment-destruction.
yaml --namespace default
```

実行結果

```
$ kubectl apply --filename chapter-07/deployment-destruction.yaml --namespace default
deployment.apps/hello-server created
```

Podが作成できているか見てみましょう。

```
kubectl get pod --namespace default
```

実行結果

```
$ kubectl get pod --namespace default
NAME                            READY   STATUS    RESTARTS   AGE
hello-server-5bc7ccb8dd-6wk8c   1/2     Running   0          18s
hello-server-5bc7ccb8dd-7q5hg   1/2     Running   0          18s
hello-server-5bc7ccb8dd-k999r   1/2     Running   0          18s
```

コンテナのSTATUSはRunningになっているようです。問題ないように見えますが、READYが1/2になっていますね。これはPod内にコンテナが2つあるうちの1つがREADYで、もう1つはREADYではないということを言っています。Pod内にコンテナが複数あることを知らず、1つ以上READYになっていれば良いと目が滑ってしまうことがあるので気をつけてみましょう。

もう少し時間をおいて再度様子を見てみましょう。

```
kubectl get pod --namespace default
```

```
$ kubectl get pod --namespace default
NAME                              READY  STATUS   RESTARTS  AGE
hello-server-5bc7ccb8dd-6wk8c     1/2    Running  0         4m18s
hello-server-5bc7ccb8dd-7q5hg     1/2    Running  0         4m18s
hello-server-5bc7ccb8dd-k999r     1/2    Running  0         4m18s
```

　世の中には起動が遅いアプリケーションもありますが、これは少しREADYになるのが遅そう
ですね。さらに詳しく見ていきましょう。表示されたPodのうち適当にPod名を1つコピーし
てください。

```
kubectl describe pod <Pod名> --namespace default
```

実行結果

```
$ kubectl describe pod hello-server-5bc7ccb8dd-6wk8c --namespace default
Name:           hello-server-5bc7ccb8dd-6wk8c
Namespace:      default
Priority:       0
～～～省略～～～
Containers:
  hello-server:
    Container ID:   containerd://f46eb8e15b8af49779a7f1fe70bb5cd72dfd81
↵ 0db9ef0d3c4f4f8032c3822cea
    Image:          blux2/hello-server:1.6
～～～省略～～～
    State:          Running
      Started:      Sun, 13 Aug 2023 07:10:23 +0900
    Ready:          False --- ❶
～～～省略～～～
  busybox:
    Container ID:   containerd://012460a6dba507d60a729d0d9827ac05e00e557
↵ 17b895623aa047ba3c70ff404
    Image:          busybox:1.36.1
～～～省略～～～
    State:          Running
      Started:      Sun, 13 Aug 2023 07:10:23 +0900
```

→ 次ページへ

前ページのつづき

```
実行結果

  Ready:            True --- ❷
~~~省略~~~
Events:
  Type       Reason      Age                   From            Message
  ----       ------      ----                  ----            -------
~~~省略~~~
  Normal     Started     97s                   kubelet         Started
↵ container busybox
  Warning    Unhealthy   10s (x18 over 90s)    kubelet         Readiness
↵ probe failed: Get "http://10.244.0.107:8081/health": dial tcp
↵ 10.244.0.204:8081: connect: connection refused --- ❸
```

❸Readiness probeがFailしていると言っています。また、hello-serverとbusyboxの
コンテナでそれぞれステータスが異なりますね。❶hello-serverはState: Running,
Ready: Falseで❷busyboxはState: Running, Ready: Trueになっています。
これで失敗しているコンテナがhello-serverだということがわかりました。

では、Readiness probeの設定内容を見ていきましょう。kubectl get deployment
hello-server --output yaml --namespace defaultでマニフェストを確認で
きますし、ローカルにハンズオン用のリポジトリをクローンしている場合は、bbf-kubernetes/
chapter-07/deployment-destruction.yamlでマニフェストを確認することもできます。

```
YAML    chapter-07/deployment-destruction.yaml

apiVersion: apps/v1
kind: Deployment
metadata:
  name: hello-server
  labels:
    app: hello-server
spec:
  replicas: 3
  selector:
    matchLabels:
      app: hello-server
```

次ページへ

Part

2

アプリケーションを
壊して学ぶKubernetes

Chapter

7

安全なステートレス・
アプリケーションをつくるには

```
template:
  metadata:
    labels:
      app: hello-server
  spec:
    containers:
    - name: hello-server
      image: blux2/hello-server:1.6
      ports:
      - containerPort: 8080 --- ❶
      readinessProbe:
        httpGet:
          path: /health
          port: 8081 --- ❷
        initialDelaySeconds: 5
        periodSeconds: 5
      livenessProbe:
        httpGet:
          path: /health
          port: 8080 --- ❸
        initialDelaySeconds: 10
        periodSeconds: 5
    - name: busybox
      image: busybox:1.36.1
      command:
      - sleep
      - "9999"
```

❶コンテナのポートと❷Readiness probeのポートが異なること自体は問題ありません
が、❸Liveness probeのポートはコンテナのポートと同じです。Readiness probeだけポー
トが異なるのは気になりますね。Podのログをみてみましょう。

```
kubectl logs <Pod名> --namespace default
```

```
$ kubectl logs hello-server-5bc7ccb8dd-6wk8c --namespace default
Defaulted container "hello-server" out of: hello-server, busybox
2023/08/12 22:10:23 Starting server on port 8080
2023/08/12 22:10:33 Health Status OK
2023/08/12 22:10:38 Health Status OK
```

　ログを参照するとヘルスチェックが定期的に実行されていることがわかります。これは Liveness probeの設定によるものですね。いよいよReadiness probeのポート番号が間違っているのでは？　という疑いが濃くなりました。最後に実装を見てみましょう。

　次のリンクからプログラムを参照できます。ポート番号に関する実装はL11-L14に書かれています。

https://github.com/aoi1/bbf-kubernetes/blob/1.6/hello-server/main.go

Go hello-server/main.go#L11-L14

```Go
port := os.Getenv("PORT")
if port == "" {
        port = "8080"
}
```

　Goがわからない方向けに解説すると、この実装では「環境変数"PORT"が設定されていたら、そこに指定された番号をポート番号として使用する。設定されていなければ8080番を使用する。」と書かれています。

　先ほどマニフェストを見ていただいたとおり、環境変数でPORTは指定されていません。そのため、ポート番号は8080番を指定しています。これはLiveness probeが使用している8080番は問題なかったことからもわかりますね。

どうやらポート番号8081は間違いのようですね。修正しましょう。

```
kubectl edit deployment --namespace default
```

次のとおり、修正しましょう。

Diff

```
apiVersion: apps/v1
kind: Deployment
metadata:
  name: hello-server
  labels:
    app: hello-server
spec:
～～～省略～～～
    spec:
      containers:
      - name: hello-server
        image: blux2/hello-server:1.6
        ports:
        - containerPort: 8080
        readinessProbe:
          httpGet:
            path: /health
-           port: 8081
+           port: 8080
～～～以下略～～～
```

実行結果

```
$ kubectl edit deployment --namespace default
deployment.apps/hello-server edited
```

しばらくすると、すべてRunning, READY 2/2になっているでしょう。

```
kubectl get pod --namespace default
```

```
$ kubectl get pod --namespace default
NAME                            READY   STATUS    RESTARTS   AGE
hello-server-64bf989855-6dq29   2/2     Running   0          79s
hello-server-64bf989855-gnz6n   2/2     Running   0          90s
hello-server-64bf989855-m2zgb   2/2     Running   0          84s
```

最後に掃除をしましょう。

```
kubectl delete --filename chapter-07/deployment-destruction.yaml --namespace default
```

Part
2
アプリケーションを
壊して学ぶKubernetes

Chapter
7
安全なステートレス・
アプリケーションをつくるには

Part

2

アプリケーションを
壊して学ぶKubernetes

Chapter

7

安全なステートレス・
アプリケーションをつくるには

7.2　アプリケーションに 適切なリソースを指定しよう

　アプリケーションに適切なリソースを指定することは、安全にアプリケーションを運用するうえで大事なことの1つです。とくにKubernetesではリソースの指定方法によってスケジュールが変わるため、必ず指定するようにしましょう。デフォルトで指定できるリソースはCPU・メモリ・Ephemeral Storageです。ここではよく使うであろうメモリとCPUについて説明します。

　マニフェストは次のようになります。

YAML　chapter-07/pod-resource-handson.yaml

```
apiVersion: v1
kind: Pod
metadata:
  labels:
    app: hello-server
  name: hello-server
spec:
  containers:
  - name: hello-server
    image: blux2/hello-server:1.6
    resources:
      requests:
        memory: "64Mi"
        cpu: "10m"
      limits:
        memory: "64Mi"
        cpu: "10m"
```

7.2.1　コンテナのリソース使用量を要求する：Resource requests

　確保したいリソースの最低使用量を指定することができます。Kubernetesのスケジューラはこの値を見てスケジュールするNodeを決めます。Requestsの値が確保できるNodeを調べ、該当するNodeにスケジュールします。どのNodeもRequestsに書かれている量が確保できなければ、Podがスケジュールされることはありません。

　コンテナごとにCPUとメモリのRequestsを指定することができます。

```
resources:
  requests:
    memory: "64Mi"
    cpu: "10m"
```

7.2.2　コンテナのリソース使用量を制限する：Resource limits

　コンテナが使用できるリソース使用量の上限を指定します。コンテナはこのLimitsを超えてリソースを使用することはできません。メモリが上限値を超える場合、Out Of Memory（OOM）でPodはkillされます。CPUが上限値を超えた場合、即座にPodがkillされるということはありません。その代わりスロットリングが発生し、アプリケーションの動作が遅くなります。

```
resources:
  limits:
    memory: "64Mi"
    cpu: "10m"
```

Part
2
アプリケーションを
壊して学ぶKubernetes

Chapter
7
安全なステートレス・
アプリケーションをつくるには

Part

2

アプリケーションを
壊して学ぶKubernetes

Chapter

7

安全なステートレス・
アプリケーションをつくるには

7.2.3　リソースの単位

　リソースの指定ができることはわかったが、単位は一体何を意味しているのか？　と聞かれることがたまにあります。詳しく見ていきましょう。

メモリ

　単位を指定しない場合、1は1byteを意味します。ほかにもK（キロ）、M（メガ）などを付けられます。1K、1Mはそれぞれ1キロバイト、1メガバイトです。ほかにもKi、Miも利用可能です。KiやMiをはじめて見るという方もいらっしゃるかもしれません。一般にK（キロ）は10^3＝1000を意味します。Kiは2^{10}（＝1024）を意味するため、一般のキロとは区別するために作られました。ほかの単位については公式ドキュメントのQuantity[2]を参考にしてください。

CPU

　単位を指定しない場合、1はCPUの1コアを意味します。1m＝0.001コアなので、通常整数もしくはミリコアで指定します。

7.2.4　PodのQuality of Service（QoS）Classes

　リソース設定に関連してQoSは覚えておいた方が良いKubernetesの機能です。Nodeのメモリが完全に枯渇してしまうと、そのNodeに乗っている全てのコンテナが動作できなくなってしまうのを防ぐため、OOM Killerという役割のプログラムがいます。OOM KillerはQoSに応じてOOMkillするPodの優先順位を決定し、必要に応じて優先度の低いPodからOOMKillします。

　QoSクラスにはGuaranteed、Burstable、そしてBestEffortの3種類があります。BestEffort、Burstable、Guaranteedの順にOOM Killが発生します。それぞれどのような条件なのかは細かく決まっているため、公式ドキュメント[3]で詳細をご確認ください。ここでは、簡単に説明しておきます。

※2　https://kubernetes.io/docs/reference/kubernetes-api/common-definitions/quantity/
※3　https://kubernetes.io/docs/concepts/workloads/pods/pod-qos/#quality-of-service-classes

- **Guaranteed**：Pod内のコンテナすべてにリソースのrequestsとlimitsが指定されている。さらに、メモリのrequests=limits, CPUもrequests=limitsとなる値が指定されている
- **Burstable**：Pod内のコンテナのうち少なくとも1つはメモリまたはCPUのrequests/limitsが指定されている
- **BestEffort**：GuaranteedでもBurstableでもないもの。リソースに何も指定していない

次のコマンドでPodを作成しましょう。

```
kubectl apply --filename chapter-07/pod-resource-handson.yaml --namespace default
```

```
$ kubectl apply --filename chapter-07/pod-resource-handson.yaml
↵ --namespace default
pod/hello-server created
```

次のコマンドでPodのQoSクラスを知ることができます。QoSクラスのどれに当たるかわからなくなってしまった場合、直接確認すると良いでしょう。

```
kubectl get pod <Pod名> --output jsonpath='{.status.qosClass}' --namespace default
```

```
$ kubectl get pod hello-server --output jsonpath='{.status.qosClass}'
↵ --namespace default
Guaranteed
```

掃除をしましょう。

```
kubectl delete --filename chapter-07/pod-resource-handson.yaml --namespace default
```

Part
2
アプリケーションを
壊して学ぶKubernetes

Chapter
7
安全なステートレス・
アプリケーションをつくるには

7.2.5 壊す またしてもPodが壊れた

Podのリソースは適切に設定しよう、の回

チーン
アプリ
リソースたりない…

今回はリソース設定を間違えたマニフェストを使ってPodを壊してもらいます!

フーン

本番環境でもまーおきちゃうよねー

起きてほしくない

なかなかリソースを最初から適切に設定できるわけじゃないからね

フム

ま、Pod を冗長化しておけば突然全滅することもなかなかないと思うのでトラブルシューティング方法を学んでいこう!!

いえーい

よく起きるOut Of Memory(OOM)も起こしてみるので参考にしてね

O! O! M!

リソース周りの指定内容が理由でPodが動かなくなることはよくあります。本番環境でも調査できるように、いくつかよくある失敗を再現してみましょう。早速マニフェストを適用しましょう。

注意）本ハンズオンはKubernetes Nodeのメモリが8GiBだと想定しています。Nodeのメモリが16GiB以上の場合、とくに失敗しないハンズオンになります

```
kubectl apply --filename chapter-07/deployment-resource-
handson.yaml --namespace default
```

実行結果

```
$ kubectl apply --filename chapter-07/deployment-resource-handson.yaml
↵ --namespace default
deployment.apps/hello-server created
```

　しばらく待ってもPodがすべて起動することはないでしょう。Podの状況を確認しましょう。

```
kubectl get pod --namespace default
```

実行結果

```
$ kubectl get pod --namespace default
NAME                          READY   STATUS    RESTARTS   AGE
hello-server-9cbfdfd5c-bs4wv  0/1     Pending   0          43s
hello-server-9cbfdfd5c-rzm7c  0/1     Pending   0          43s
hello-server-9cbfdfd5c-xlr8x  1/1     Running   0          43s
```

　何が起こっているのでしょうか？　Podの詳細を見ていきましょう。先ほど参照したPodのうちPendingになっているものの名前を適当に1つコピーしましょう。

```
kubectl describe pod <Pod名> --namespace default
```

実行結果

```
$ kubectl describe pod hello-server-9cbfdfd5c-bs4wv   --namespace
↵ default
Name:              hello-server-9cbfdfd5c-bs4wv
~~~省略~~~
Events:
  Type      Reason             Age                 From
↵ Message
  ----      ------             ----                ----
↵ -------
  Warning   FailedScheduling   4m39s (x2 over 10m)  default-scheduler  0/1
↵ nodes are available: 1 Insufficient memory. preemption: 0/1 nodes are
↵ available: 1 No preemption victims found for incoming pod.. --- ❶
```

❶FailedSchedulingと言われています。どうやら要求した量のメモリを割り当てられるNodeがなかったようです。

では、Nodeはどのような設定になっているのか見てみましょう（お使いの環境によって出力結果が異なるかもしれません）。

kubectl describe node --namespace default

実行結果

```
$ kubectl describe node --namespace default
Name:              kind-control-plane
~~~省略~~~
Capacity:
  cpu:                4
  ephemeral-storage:  61202244Ki
  hugepages-1Gi:      0
  hugepages-2Mi:      0
  hugepages-32Mi:     0
  hugepages-64Ki:     0
  memory:             8040056Ki --- ❶
  pods:               110
```

→ 次ページへ

⬇ 前ページのつづき

```
実行結果

～～～省略～～～
Non-terminated Pods:             (10 in total)
  Namespace                      Name
↵ CPU Requests   CPU Limits   Memory Requests   Memory Limits   Age
  ---------                      ----
------------  ----------  ---------------  -------------  ---
  default                        hello-server-9cbfdfd5c-xlr8x
↵ 10m (0%)      10m (0%)     5Gi (65%)         5Gi (65%)       12m --- ❷
  kube-system                    coredns-5d78c9869d-c5r46
↵ 100m (2%)     0 (0%)       70Mi (0%)         170Mi (2%)      7d16h
～～～以下略～～～
```

　今回のkindのクラスタでは1つのNodeにControl Planeも乗せているため、kube-apiserverなども同じNodeに乗っていることがわかるでしょう。

❶をご参照ください。

```
  default    hello-server-9cbfdfd5c-xlr8x    10m (0%)    10m (0%)    5Gi
↵ (65%)    5Gi (65%)    12m
```

　今回、applyしたマニフェストのコンテナのメモリが全体の65%使用していることがわかります。これでは、あと2つのPodは起動できませんね。❶のCapacityに記載されている通り、このNodeは8040056Ki（≒7.6Gi）だと書かれています。

　次のコマンドを実行してDeploymentで指定されているメモリを稼働しているリソースから取得しましょう。

```
kubectl get deployment hello-server -o=jsonpath='{.spec.
template.spec.containers[0].resources.requests}' --namespace
default
```

Part
2
アプリケーションを
壊して学ぶKubernetes

Chapter
7
安全なステートレス・
アプリケーションをつくるには

Part
2
アプリケーションを
壊して学ぶKubernetes

Chapter
7
安全なステートレス・
アプリケーションをつくるには

実行結果

```
$ kubectl get deployment hello-server -o=jsonpath='{.spec.template.spec.
↵ containers[0].resources.requests}' --namespace default
{"cpu":"10m","memory":"5Gi"}%
```

　リソース指定量が十分かどうかは実環境の使用量や性能試験の結果などを基にチューニングすべきですが、今回は省略します。

　次のようにメモリのrequestsとlimitsを64Miに変更しましょう。

```
kubectl edit deployment hello-server --namespace default
```

　エンターを押すとテキストエディタが開きます。

Diff

```
# Please edit the object below. Lines beginning with a '#' will be
↵ ignored,
# and an empty file will abort the edit. If an error occurs while saving
↵ this file will be
# reopened with the relevant failures.
#
apiVersion: apps/v1
kind: Deployment
metadata:
〜〜〜省略〜〜〜
        resources:
          limits:
            cpu: 10m
-           memory: 5Gi
+           memory: 64Mi
          requests:
            cpu: 10m
-           memory: 5Gi
+           memory: 64Mi

〜〜〜省略〜〜〜
```

実行結果

```
$ kubectl edit deployment hello-server --namespace default
deployment.apps/hello-server edited
```

修正が反映されていることをDeploymentのマニフェストから確認しましょう。

```
kubectl get deployment hello-server --namespace default
--output=jsonpath='{.spec.template.spec.containers[0].resources.requests}'
```

実行結果

```
$ kubectl get deployment hello-server --namespace default
--output=jsonpath='{.spec.template.spec.containers[0].resources.requests}'
{"cpu":"10m","memory":"64Mi"}
```

64Miが反映されていますね。しばらくするとPodがすべて正常に稼働していることがわかります。Podの状況を確認しましょう。

```
kubectl get pod --namespace default
```

実行結果

```
$ kubectl get pod --namespace default
NAME                              READY   STATUS    RESTARTS   AGE
hello-server-76d79d7889-6jg99     1/1     Running   0          64s
hello-server-76d79d7889-8jcvx     1/1     Running   0          38s
hello-server-76d79d7889-ldrbj     1/1     Running   0          94s
```

すべてRunningになりました。いったん掃除しましょう。

```
kubectl delete --filename chapter-07/deployment-resource-
handson.yaml --namespace default
```

227

では、つづいてメモリリークを起こしてOOMを発生させてみましょう。ほかのPodに影響を起こさないためのOOMなので、このハンズオンに危険性はありませんが、なるべく開発環境でのみ実施しましょう。

　このハンズオンではGoのプログラム内であらかじめメモリリークを発生させるようにしてあります。Goのデバッグは本書の範囲外となるため、OOMの発生を観察するだけになります。

```
kubectl apply --filename chapter-07/deployment-memory-leak.
yaml --namespace default
```

実行結果

```
$ kubectl apply --filename chapter-07/deployment-memory-leak.yaml
↵ --namespace default
deployment.apps/hello-server created
```

　しばらくするとPodがすべてRunningになるので、確認しましょう。

```
kubectl get pod --namespace default
```

実行結果

```
$ kubectl get pod --namespace default
NAME                              READY    STATUS     RESTARTS    AGE
hello-server-856d5c6c7b-fppsn     1/1      Running    0           45s
hello-server-856d5c6c7b-gmngp     1/1      Running    0           45s
hello-server-856d5c6c7b-v9jjn     1/1      Running    0           45s
```

　つづいて、port-forwardを行います。アプリケーションにアクセスすることでメモリリークが発生するようにできています。

```
kubectl port-forward deployment/hello-server 8080:8080 --namespace default
```

　別ターミナルを開きましょう。

Part

2

アプリケーションを
壊して学ぶKubernetes

Chapter

7

安全なステートレス・
アプリケーション
をつくるには

```
curl localhost:8080
```

```
$ kubectl port-forward deployment/hello-server 8080:8080 --namespace default
Forwarding from 127.0.0.1:8080 -> 8080
Forwarding from [::1]:8080 -> 8080
```

実行結果　別ターミナル

```
$ curl localhost:8080
```

しばらく待ってもcurl localhost:8080の結果が何も返ってこないと思います。さらに別の
ターミナルを開き、Podをwatchしてみましょう。

```
kubectl get pod --watch --namespace default
```

実行結果

```
$ kubectl get pod --watch --namespace default
NAME                            READY   STATUS      RESTARTS   AGE
hello-server-856d5c6c7b-fppsn   1/1     Running     0          2m27s
hello-server-856d5c6c7b-gmngp   1/1     Running     0          2m27s
hello-server-856d5c6c7b-v9jjn   1/1     Running     0          2m27s
hello-server-856d5c6c7b-fppsn   0/1     OOMKilled   0          2m28s
```

15秒ほど経つとOOMKilledと出ているのがわかるでしょう。また、しばらく観察すると
RESTARTSが1、2と増えていきます。PodのRESTARTSが1以上であること自体はよくある
ので、通常、RESTARTSが1になっているだけでは気付かないかもしれません。継続的に
RESTARTSが増えているかなど、モニタリングを工夫すると良いでしょう。

Ctrl＋Cで kubectl --watch を終了しましょう。OOMKilledが発生したPod名をコピー
し、詳細を見ていきましょう。

```
kubectl describe pod <OOMkilledが発生したPod名> --namespace default
```

Part
2
アプリケーションを
壊して学ぶKubernetes

Chapter
7
安全なステートレス・
アプリケーションをつくるには

```
$ kubectl describe pod hello-server-856d5c6c7b-fppsn --namespace default
Name:              hello-server-856d5c6c7b-fppsn
~~~省略~~~
Events:
  Type    Reason     Age                    From              Message
  ----    ------     ----                   ----              -------
  Normal  Scheduled  3m17s                  default-scheduler
↵ Successfully assigned default/hello-server-856d5c6c7b-fppsn to kind-
↵ control-plane
  Normal  Pulled     49s (x2 over 3m11s)    kubelet           Container
↵ image "blux2/hello-server:1.7" already present on machine
  Normal  Created    49s (x2 over 3m11s)    kubelet           Created
↵ container hello-server
  Normal  Started    35s (x2 over 3m1s)     kubelet           Started
↵ container hello-server
```

　Eventsを見てみましたが、OOMKilledされたかどうかわかりませんでした。Readiness/Liveness probeが設定されていても「タイムアウト」と出ているだけで正確な理由がわかりません。

　そこで参照するのがLast StateとReasonです。次のコマンドでlastStateを取得しましょう。結果がJSON形式で返ってくるため、jq[4]をインストールしていると結果が見やすくなります。

```
kubectl get pod <OOMKilledが発生したPod名> --output=jsonpath='{.
status.containerStatuses[0].lastState}' --namespace default | jq .
```

　jqをインストールしていない場合はこちらを実行してください。

```
kubectl get pod <OOMKilledが発生したPod名> --output=jsonpath='{.
status.containerStatuses[0].lastState}' --namespace default
```

※4　https://jqlang.github.io/jq/download/ 公式サイトのダウンロード方法をご参照ください。brewを使っていればbrew install jqでインストール可能です。

```
$ kubectl get pod hello-server-856d5c6c7b-fppsn --output=jsonpath='{.
↵ status.containerStatuses[0].lastState}' --namespace default | jq .
{
  "terminated": { --- ❶
    "containerID": "containerd://e88599f80a1383814ee64d8fd9bf4ab3a7a251b1
3dea3b385310dda71c124983",
    "exitCode": 137,
    "finishedAt": "2023-10-09T11:25:14Z",
    "reason": "OOMKilled", --- ❷
    "startedAt": "2023-10-09T11:18:37Z"
  }
}
```

参照するタイミングによっては結果に何も返ってこないかもしれません。

❶lastStateがterminatedで❷reasonにOOMKilledと書かれています。想定どおりOOMが発生してコンテナが起動していないようですね。イメージタグを1.8に更新するとOOMKilledが発生しなくなります。kubectl editで修正しましょう。

```
kubectl edit deployment/hello-server --namespace default
```

Diff

```
# Please edit the object below. Lines beginning with a '#' will be ignored,
# and an empty file will abort the edit. If an error occurs while saving
↵ this file will be
# reopened with the relevant failures.
#
apiVersion: apps/v1
kind: Deployment
〜〜〜省略〜〜〜
spec:
〜〜〜省略〜〜〜
    type: RollingUpdate
  template:
```

```
    metadata:
      creationTimestamp: null
      labels:
        app: hello-server
    spec:
      containers:
-     - image: blux2/hello-server:1.7
+     - image: blux2/hello-server:1.8
        imagePullPolicy: IfNotPresent
        name: hello-server
～～～以下省略～～～
```

Podがすべて再作成されていることを確認しましょう。

```
kubectl get pod --namespace default
```

```
$ kubectl get pod --namespace default
NAME                             READY   STATUS    RESTARTS   AGE
hello-server-58654c5c9f-42qhx    1/1     Running   0          69s
hello-server-58654c5c9f-f68jn    1/1     Running   0          50s
hello-server-58654c5c9f-mf44l    1/1     Running   0          32s
```

port-forwardを利用して動作確認をしましょう。別ターミナルでport-forwardを実施中であれば、いったん終了します。

```
kubectl port-forward deployment/hello-server 8080:8080
--namespace default
```

別ターミナルを開きましょう。

```
curl localhost:8080
```

```
$ kubectl port-forward deployment/hello-server 8080:8080 --namespace default
Forwarding from 127.0.0.1:8080 -> 8080
Forwarding from [::1]:8080 -> 8080
```

別ターミナル

```
$ curl localhost:8080
Hello, world! Let's learn Kubernetes!
```

最後に掃除をしましょう。

```
kubectl delete --filename chapter-07/deployment-memory-leak.yaml --namespace default
```

今回のようにメモリリークが発生しても無尽蔵にリソースを使用しないために、リソースにRequestsとLimitsを指定しておくことでNode全体を安全に運用できます。ぜひ活用しましょう。

Part
2
アプリケーションを
壊して学ぶKubernetes

Chapter
7
安全なステートレス・
アプリケーションをつくるには

7.3 Podのスケジュールに便利な機能を理解しよう

Podのスケジューリングを制御することは本番でサービスを安全に運用するにあたって知っておきたいポイントの1つになります。例えば、同じNodeにPodを乗せないことでNodeの障害に備えたり、特定の用途に使うPod専用にNodeを立ち上げたりすることができます。ここではNodeとPodの関係性を制御できる機能を紹介します。

7.3.1 Nodeを指定する：Node selector

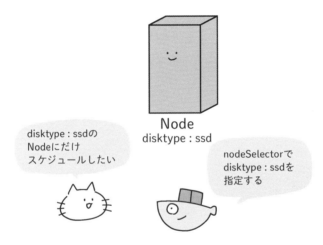

Node selectorは特定のNodeにのみスケジュールするという制御を行う機能です。Nodeに付いているラベルを指定します。例えば、SSDを使っているNodeにのみ `disktype: ssd` というラベルが付与されている場合、次のようなマニフェストでSSDを使っているNodeにのみPodをスケジュールできます。

```
apiVersion: v1
kind: Pod
metadata:
  name: nginx
spec:
  containers:
  - name: nginx
    image: nginx:1.25.3
  nodeSelector:
    disktype: ssd
```

7.3.2　Podのスケジュールを柔軟に指定する： AffinityとAnti-affinity

　後述するTaint/Tolerationと混同されますが、役割が異なるのでしっかり覚えましょう。 Affinityは日本語では「類似性」や「密接な関係」と訳されます。NodeとPod、あるいはPod 同士が「近くなるように」または「近づかないように」スケジューリングを制約します。

　Affinity/Anti-affinityは3種類あり、それぞれ説明していきます。

- **Node affinity**
- **Pod affinity**
- **Pod anti-affinity**

Node affinity

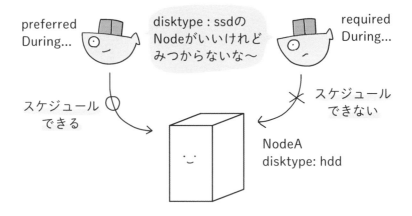

preferred During...

disktype : ssdの Nodeがいいけれど みつからないな〜

required During...

スケジュール できる

スケジュール できない

NodeA
disktype: hdd

　Node selectorとかなり近いですが、Node selectorと異なり「可能ならスケジュールする」という選択が可能です。Node selectorは対応するNodeが存在しないとPodをスケジュールできなくなるため、Node障害に対して弱くなってしまいます。Node affinityを使うとスケジュールを制御しつつNode障害時にも対応可能になっていますので、「絶対に特定のNodeにスケジュールする必要がある」というケース以外はこちらを選択する方が良いでしょう。

　Node selectorよりも柔軟にNodeを指定できるため、書き方が多少複雑になります。以下で解説していきます。

　affinity.nodeAffinityの下にはrequiredDuringSchedulingIgnoredDuringExecutionとpreferredDuringSchedulingIgnoredDuringExecutionの2つを指定可能です。どちらを指定するかでマニフェストの書き方が少し変わります。

- requiredDuringSchedulingIgnoredDuringExecution：対応するNodeが見つからない場合、Podをスケジュールしません。Node selectorと考え方が同じですが、Nodeの指定方法がより柔軟にできます
- preferredDuringSchedulingIgnoredDuringExecution：対応するNodeが見つからない場合、適当なNodeにスケジュールします

matchExpressionsを利用してNodeを指定します。Nodeを指定する方法は複数ありますが、ここでは詳しく説明しません。詳細が知りたい方は公式のリファレンス[5]をご参照ください。

では、サンプルマニフェストを見てみましょう。

| YAML | chapter-07/pod-nodeaffinity.yaml |

```yaml
apiVersion: v1
kind: Pod
metadata:
  name: node-affinity-pod
spec:
  affinity:
    nodeAffinity:
      preferredDuringSchedulingIgnoredDuringExecution:
      - weight: 1
        preference:
          matchExpressions:
          - key: disktype
            operator: In
            values:
            - ssd
  containers:
  - name: node-affinity-pod
    image: nginx:1.25.3
```

このマニフェストでは「Nodeに付いているラベルのkeyがdisktypeで、valueにssdが含まれているときにはそのNodeにスケジュールするが、対応するNodeがない場合でもPodをスケジュールする」ということを言っています。

operatorにはIn以外にもNotInやExistsなどを指定できるため、ラベルの指定が柔軟にできます[6]。また、preferredDuringSchedulingIgnoredDuringExecutionを指定した場合、weightの指定が必須です。複数preferredDuringSchedulingIgnoredDuringExecutionを指定したときに、各条件に重み付けをすることで一番weightの合計値が高いNodeにスケジュールされます。

このマニフェストではNodeラベルが一致していなくてもPodがスケジュールされます。お手元の環境でapplyができますので、試してみてください。

※5、6　https://kubernetes.io/docs/concepts/scheduling-eviction/assign-pod-node/#operators

Pod Affinity と Pod Anti-affinity

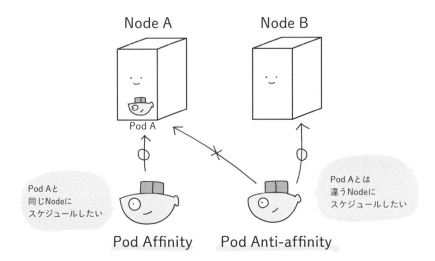

　spec.affinity 以下に podAffinity/podAntiAffinity を指定しますが、「Pod 間の Affinity」と理解した方が良いでしょう。Node affinity が Node のラベルに基づいてスケジューリングしていた一方、Pod affinity/anti-affinity ではすでに Node にスケジュールされている Pod のラベルに基づいてスケジューリングします。

　よく使うユースケースとしては、Node 障害に備えて「同じアプリケーションを動かしている Pod は同じ Node に乗せない」とするルールを追加することです。せっかく Deployment で Pod を冗長化しても、同じ Node に乗っているとその Node が故障しただけで Pod は全滅（サービス停止）してしまいます。このルールを追加することで Node に乗る Pod を分散させることができます。ただし、このユースケースは最近登場した Pod Topology Spread Constraints（後述）で代替できることもあるため、そちらも参考にしてください。

　Node affinity と同様に、`requiredDuringSchedulingIgnoredDuringExecution` と `preferredDuringSchedulingIgnoredDuringExecution` の2つのルールを指定可能です。サンプルマニフェストを見てみましょう。

```yaml
apiVersion: v1
kind: Pod
metadata:
  name: pod-anti-affinity
  labels:
    app: nginx
spec:
  affinity:
    podAntiAffinity:
      preferredDuringSchedulingIgnoredDuringExecution:
      - weight: 100
        podAffinityTerm:
          labelSelector:
            matchExpressions:
            - key: app
              operator: In
              values:
              - nginx
          topologyKey: kubernetes.io/hostname
  containers:
  - name: nginx
    image: nginx:1.25.3
```

このマニフェストでは「app:nginxのラベルが付いているPodが割り当てられているNodeには、同じラベルをもつPodをなるべくスケジュールしない」というルールを指定しています。

今回、topologyKeyにkubernetes.io/hostnameを指定することで「同じホスト（node）に乗せない」という指定をしていますが、ここをkubernetes.io/zoneと指定することで「同じデータセンター（zone）にPodを配置しない」というケースに使えます。

Part
2
アプリケーションを
壊して学ぶKubernetes

Chapter
7
安全なステートレス・
アプリケーションをつくるには

7.3.3 Podを分散するための設定：Pod Topology Spread Constraints

Pod Topology Spread ConstraintsはPodを分散するための設定です。topologyKeyを使うことでどのようにPodを分散させるかを表現できます。例えば、topologyKeyにNodeのkubernetes.io/hostnameラベルを指定すると、ホスト間でPodを分散してスケジュールできます。Pod anti-affinityでも似たような設定ができますが、この機能はPod anti-affinityより後に入っただけあってより柔軟に設定できます。

Pod anti-affinityでは`preferredDuringSchedulingIgnoredDuringExecution`を指定すると、Pod数がNode数を超えると、それ以上は制御できませんでした（単一のNodeにPodが偏ってしまうこともあり得る）。逆に、完全に分散させようとrequiredDuringSchedulingIgnoredDuringExecutionを利用すると、今度はPod数がNode数を超えられなくなってしまいます。

Pod Topology Spread ConstraintsではPod数がNode数を超えてもなるべく分散させるような設定を行うことができます。マニフェストを見ていきましょう。

YAML　chapter-07/pod-topology.yaml

```yaml
kind: Pod
apiVersion: v1
metadata:
  name: mypod
  labels:
    app: nginx
spec:
  topologySpreadConstraints:
  - maxSkew: 1
    topologyKey: zone
    whenUnsatisfiable: DoNotSchedule
    labelSelector:
      matchLabels:
        app: nginx
  containers:
  - name: nginx
    image: nginx:1.25.3
```

ポイントとなる設定値はmaxSkewです。かなりわかりづらいので、次のイラストをご参照ください。

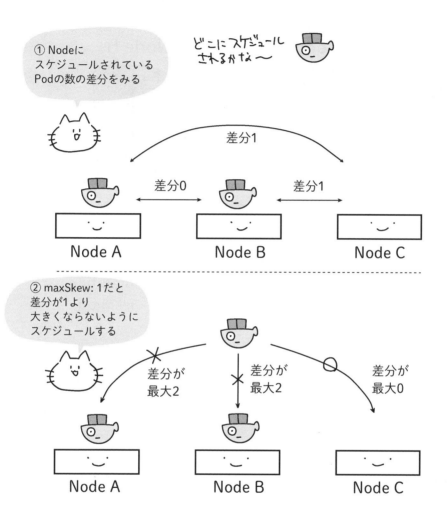

　スケールダウン時に再分散されないなどPod Topology Spread Constraintsも万能ではないため、導入するときには公式ドキュメント[7]で詳細をご参照ください。

※7　https://kubernetes.io/docs/concepts/scheduling-eviction/topology-spread-constraints/

Part
2
アプリケーションを
壊して学ぶKubernetes

Chapter
7
安全なステートレス・
アプリケーションを
つくるには

7.3.4 TaintとToleration

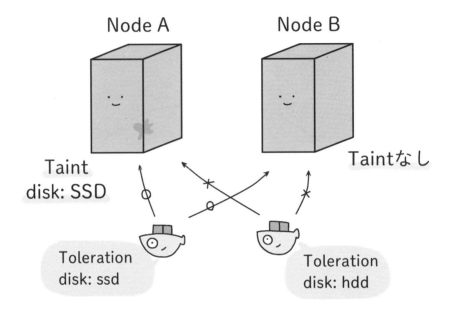

TaintとTolerationはそれぞれ対になる概念です。TaintはNodeに付与する設定で、TolerationはPodに付与する設定です。Taintは「汚れ」、Tolerationは「寛容」と訳します。Nodeに付いているTaint（汚れ）をPodが許容できるかどうか、といった設定の考え方になります。

Node affinityでは「あるPodをどういうNodeにスケジュールしたいか」という指定方法でしたが、Taint/Tolerationは「あるNodeが特定のPodしかスケジュールしたくない（とくに指定のないPodはスケジュールを拒否したい）」といった指定方法になります。

NodeにTaintをつける場合は、次の方法で付けられます（マニフェストで指定する方法はクラウドプロバイダなどによって方法が変わるため、ここでは割愛します）。

```
kubectl taint nodes <対象ノード名> <label名>=<labelの値>:<Taintの効果>
```

例えば、次のようにTaintを付けたとしましょう。

```
kubectl taint nodes node1 disktype=ssd:NoSchedule
```

このTaintに対応するtolerationは次のように指定します。

YAML　chapter-07/pod-tolerations.yaml

```yaml
apiVersion: v1
kind: Pod
metadata:
  name: nginx
spec:
  containers:
  - name: nginx
    image: nginx:1.25.3
    imagePullPolicy: IfNotPresent
  tolerations:
  - key: "disktype"
    value: "ssd"
    operator: "Equal"
    effect: "NoSchedule"
```

　Node affinityのサンプルマニフェストと似た設定にしました。Node affinityはNode側でスケジュールを制御できないため、affinityが付いていないPodもスケジュールされています。Taintをつけることで「SSDを使用したいPod以外はスケジュールしない」といった制御が可能になります。

　普段はNodeの管理をしていない方でも、TaintによってPodがスケジュールできないこともあるため、TaintとTolerationは覚えておくといいです。ここでは紹介していない使い方もできますので、詳しくは公式ドキュメント[8]をご参照ください。

※8　https://kubernetes.io/docs/concepts/scheduling-eviction/taint-and-toleration/

Part

2

アプリケーションを
壊して学ぶKubernetes

Chapter

7

安全なステートレス・
アプリケーションをつくるには

7.3.5　Tips：Pod PriorityとPreemption

Podには Priority（優先度）を設定できるという便利機能があります。しかし、思わぬスケジューリングが発生する可能性があるため、注意して使いましょう。Pod の Priority は Pod 一つひとつに付与するのではなく、PriorityClass というリソースを使います。次の手順でPriority を設定できます。

1. PriorityClass を作成する

2. 1.で設定した PriorityClass を Pod のマニフェストに指定する

もう少し具体的に見ていきましょう。まず1.ですが、PriorityClass は次のようなマニフェストを書きます。

YAML

```
apiVersion: scheduling.k8s.io/v1
kind: PriorityClass
metadata:
  name: high-priority
value: 1000000 --- ❶
globalDefault: false
description: "This priority class should be used for XYZ service pods only."
```

❶**PriorityClassのvalue**の値が大きい方がより優先度が高くなります。

つづいて、この PriorityClass を Pod で指定する方法を見ましょう。次のようなマニフェストです。

```
apiVersion: v1
kind: Pod
metadata:
  name: nginx
spec:
  containers:
  - name: nginx
    image: nginx:1.25.3
  priorityClassName: high-priority --- ❶
```

❶priorityClassNameには1.で作成したPriorityClassのmetadata.nameを指定します。
以上がPodのPriorityを指定する方法です。

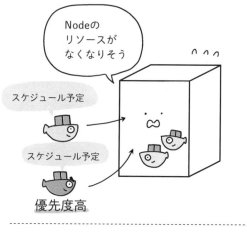

Part
2
アプリケーションを
壊して学ぶKubernetes

Chapter
7
安全なステートレス・
アプリケーションをつくるには

では、Priorityの高いPodがどのようにスケジューリングに作用するか説明していきます。例えば、priorityClassNameを指定した先ほどのnginx PodがどのNodeにもスケジュールできないときに、preemptionが発生します。あるNode上にスケジュールされている、nginx Podよりもpriorityが低いPodをEvict（強制退去）させることで、nginx Podをスケジュール可能にします。

ちなみにですが、Kubernetesではsystem-cluster-criticalとsystem-node-criticalというPriorityClassをデフォルトで作成します。実際に見てみましょう。

```
kubectl describe priorityclasses --namespace default
```

実行結果

```
$ kubectl describe priorityclasses --namespace default
Name:              system-cluster-critical
Value:             2000000000
GlobalDefault:     false
PreemptionPolicy:  PreemptLowerPriority
Description:       Used for system critical pods that must run in the
cluster, but can be moved to another node if necessary.
Annotations:       <none>
Events:            <none>


Name:              system-node-critical
Value:             2000001000
GlobalDefault:     false
PreemptionPolicy:  PreemptLowerPriority
Description:       Used for system critical pods that must not be moved
from their current node.
Annotations:       <none>
Events:            <none>
```

一般的なアプリケーションのPodよりもKubernetesクラスタ用のPodを優先的にスケジュールするため、高いPriorityが付けられています。試しにsystem-node-criticalのPriorityClassを利用しているPodを確認してみましょう。次のコマンドで確認できます。

```
kubectl get pod --all-namespaces -o jsonpath='{range
.items[?(@.spec.priorityClassName=="system-node-critical")]}
{.metadata.name}{"\t"}{.metadata.namespace}{"\n"}{end}'
```

実行結果

```
$ kubectl get pod --all-namespaces -o jsonpath='{range .items[?(@.spec.
↵ priorityClassName=="system-node-critical")]}{.metadata.name}{"\t"}
↵ {.metadata.namespace}{"\n"}{end}'

etcd-kind-control-plane kube-system
kube-apiserver-kind-control-plane          kube-system
kube-controller-manager-kind-control-plane          kube-system
kube-proxy-fw8pc          kube-system
kube-scheduler-kind-control-plane          kube-system
```

Kubernetesクラスタのcontrol-plane用Podがリストアップされました。

7.3.6 　壊す　Podのスケジューリングがうまくいかない

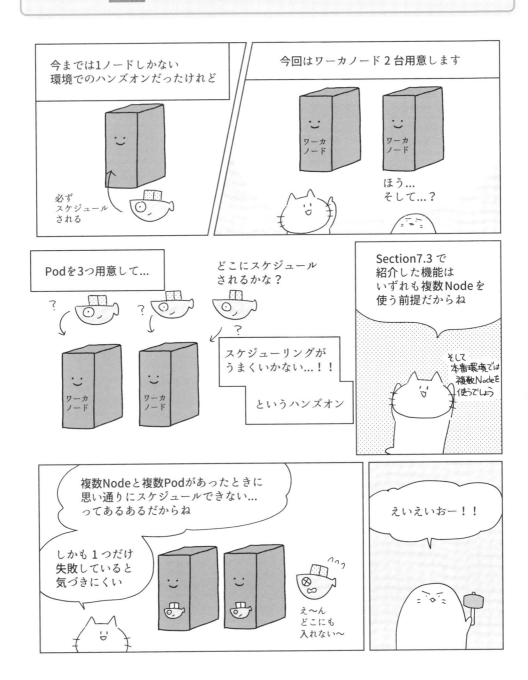

Part
2
アプリケーションを
壊して学ぶKubernetes

Chapter
7
安全なステートレス・
アプリケーションをつくるには

248

このハンズオンではマルチノード環境が求められます。kindを利用するか、killercodaを使いましょう。

準備：killercodaを利用する

公式Kubernetesのドキュメントでも紹介されている方法です。次のリンクにアクセスするだけで、ブラウザ上でマルチノードのクラスタを手に入れることができます。

https://killercoda.com/playgrounds/scenario/kubernetes

準備：kindを利用する

まずは現在使っているクラスタを削除しましょう。

```
kind delete cluster
```

つづいて、次のconfigを手元に保存してください。ハンズオン用リポジトリのkindディレクトリの下にmultinode-config.yamlをアップロードしてあります。

```
kind: Cluster
apiVersion: kind.x-k8s.io/v1alpha4
nodes:
- role: control-plane
- role: worker
- role: worker
```

保存したconfigファイルを基にクラスタを作成します。

```
kind create cluster -n kind-multinode --config kind/multinode-
config.yaml --image=kindest/node:v1.29.0
```

ワーカーノード2台のクラスタができました。確認してみましょう。

```
kubectl get node
```

実行結果

```
$ kubectl get node
NAME                          STATUS   ROLES           AGE    VERSION
kind-multinode-control-plane  Ready    control-plane   97s    v1.28.0
kind-multinode-worker         Ready    <none>          71s    v1.28.0
kind-multinode-worker2        Ready    <none>          73s    v1.28.0
```

kind-multinode-worker と kind-multinode-worker2 ができていればワーカーノードが2
つあるクラスタの完成です。

Podがスケジュールできないハンズオンを開始する

では、マニフェストをapplyしましょう。

```
kubectl apply --filename chapter-07/deployment-schedule-
handson.yaml --namespace default
```

実行結果

```
$ kubectl apply --filename chapter-07/deployment-schedule-handson.yaml --namespace default
deployment.apps/hello-server created
```

つづいて、Podの状態を確認しましょう。

```
kubectl get pod --namespace default
```

実行結果

```
$ kubectl get pod --namespace default
NAME                          READY   STATUS    RESTARTS   AGE
hello-server-7d8db847cc-9tq56  1/1     Running   0          17s
hello-server-7d8db847cc-p7rzb  1/1     Running   0          17s
hello-server-7d8db847cc-zv228  0/1     Pending   0          17s
```

Podが1つPendingになっています。PendingになっているPodの名前をコピーし、詳細を見てみましょう。

```
kubectl describe pod <PendingになっているPod名> --namespace default
```

実行結果

```
$ kubectl describe pod hello-server-7d8db847cc-zv228 --namespace default
Name:              hello-server-7d8db847cc-zv228
〜〜〜省略〜〜〜
Events:
  Type     Reason            Age                  From                Message
  ----     ------            ----                 ----                -------
  Warning  FailedScheduling  2m23s (x5 over 95m)  default-scheduler  0/3
↵ nodes are available: 1 node(s) had untolerated taint {node-role.kubernetes.
↵ io/control-plane: }, 2 node(s) didn't match pod anti-affinity rules.
↵ preemption: 0/3 nodes are available: 1 Preemption is not helpful for
scheduling, 2 No preemption victims found for incoming pod..
```

Eventsにいろいろ書かれています。一つひとつ解読していきましょう。

- **0/3 nodes are available** … 3つあるNodeのどれにもスケジュールできませんでした
- **1 node(s) had untolerated taint {node-role.kubernetes.io/control-plane: }** … 1つの Nodeに{node-role.kubernetes.io/control-plane: }というTaintがついているが、それに対応するtolerationがPodに付いていないためスケジュールができません
- **2 node(s) didn't match pod anti-affinity rules** … 2つのNodeはPod anti-affinity rule にマッチしないためスケジュールができません
- **preemption: 0/3 nodes are available** … PreemptionによってスケジュールできるNode はありません（Preemptionの説明は［7.3.5 Tips］をご参照ください）

スケジュールできない事情はわかりましたが、どう直すのが正しいでしょうか？　まずは TolerationとAffinityについて、いったんマニフェストを見てみましょう。jq[※9]を利用することで結果が見やすくなります。

※9　https://jqlang.github.io/jq/download/

```
kubectl get deployment hello-server --output=jsonpath='{.spec.
template.spec.tolerations}' --namespace default | jq
    kubectl get deployment hello-server --output=jsonpath='{.spec.
template.spec.affinity}' --namespace default | jq
```

実行結果

```
$ kubectl get deployment hello-server --output=jsonpath='{.spec.template.
↵ spec.tolerations}' --namespace default | jq

# 何も表示されない
$ kubectl get deployment hello-server -o=jsonpath='{.spec.template.spec.
↵ affinity}' --namespace default | jq
{
  "podAntiAffinity": {
    "requiredDuringSchedulingIgnoredDuringExecution": [
      {
        "labelSelector": {
          "matchExpressions": [
            {
              "key": "app",
              "operator": "In",
              "values": [
                "hello-server"
              ]
            }
          ]
        },
        "topologyKey": "kubernetes.io/hostname"
      }
    ]
  }
}
```

Part
2
アプリケーションを
壊して学ぶKubernetes

Chapter
7
安全なステートレス・
アプリケーションをつくるには

Tolerationは何も付いておらず、Pod anti-affinityがついています。Podのanti-affinityの内容としては「同じKubernetes Nodeにapp: hello-serverというラベルがついたPodはスケジュールしない」ということを書いています。Nodeが3つあるのに、なぜPodが3つスケジュールできないのでしょうか。ここでヒントとなるのは先ほど見たPodのEvents「1 node(s) had untolerated taint {node-role.kubernetes.io/control-plane: }」です。

では、次のコマンドでNodeのTolerationを見てみましょう。

```
kubectl get nodes -o custom-columns='NAME:.metadata.
name,TAINTS-KEY:.spec.taints[*].key'
```

実行結果

```
$ kubectl get nodes -o custom-columns='NODE:.metadata.name,TAINTS-KEY:.
↵ spec.taints[*].key'
NAME                          TAINTS-KEY
kind-multinode-control-plane  node-role.kubernetes.io/control-plane
kind-multinode-worker         <none>
kind-multinode-worker2        <none>
```

kind-multinode-control-planeという名前のNodeにnode-role.kubernetes.io/control-planeというTaintがついていますね。直し方はいくつかあります。

1. Tolerationを付けてTaint: {node-role.kubernetes.io/control-plane: }が付いているNodeにスケジュール可能とする
2. Nodeを増やし、Pod anti-affinityが守れるようにする
3. Deploymentのreplicasを減らし、Pod anti-affinityが守れるようにする
4. requiredDuringSchedulingIgnoredDuringExecutionをpreferredDuringSchedulingIgnoredDuringExecutionに変更し、Pod anti-affinityが守れなくても問題ないようにする

ほかにもNodeのTaintを外したり、Pod anti-affinityを外したりする方法もあります。今回はお試し環境のハンズオンなので、どれを選択しても問題ないです。2.は環境によって厳しいでしょう。

253

本番運用環境ではどうでしょうか？ アプリケーションサーバは Control Plane 用の Node に乗せるのは適切ではないため、1. は推奨しません。2. はコストがかかるため、どうしても今の設定をいじれない場合以外はおすすめではありません。3. と 4. のどちらかで Taint や Pod anti-affinity を修正することが多いでしょう。

今回は最も簡単な 3. を選択します。次のコマンドで replicas を 2 に変更しましょう。今回は簡単のために Deployment の replica 数を変更する `kubectl scale` コマンドを利用します。

```
kubectl scale deployment hello-server --replicas=2 --namespace default
```

実行結果

```
$ kubectl scale deployment hello-server --replicas=2 --namespace default
deployment.apps/hello-server scaled
```

Pod の状態を確認しましょう。

```
kubectl get pod --namespace default
```

実行結果

```
$ kubectl get pod --namespace default
NAME                           READY   STATUS    RESTARTS   AGE
hello-server-7d8db847cc-9tq56  1/1     Running   0          5m40s
hello-server-7d8db847cc-p7rzb  1/1     Running   0          5m40s
```

Pod がすべて Running になりました。最後にゴミ掃除をします。

```
kubectl delete --filename chapter-07/deployment-schedule-handson.yaml --namespace default
```

Node 数が多くなり、複数の Taint/Pod affinity/Pod anti-affinity を使っていると Failed Scheduling の Event 欄にたくさんの理由が書かれます。読み解くのが大変だと思いますが、必ず何かヒントがあるため、自分が想定した設定になっているか確認しましょう。

7.4　アプリケーションをスケールさせよう

　アプリケーションのアクセスが増えると、1つのPodでは負荷に耐えられなくなってきます。アプリケーションをスケールさせることで安定性をあげましょう。一般に水平スケールと垂直スケールの2種類の方法があります。

　水平スケールとは、同時に利用できるアプリケーションを増やすことを言います。例えば、1サーバへのアクセスの負荷を分散させるために複数台サーバを用意するようなケースです。

　一方、垂直スケールとは使用リソースを増やすことです。例えば、アプリケーションが起動するために必要なメモリが増えた場合、アプリケーションが使えるメモリを増やすようなケースです。

　Kubernetesでは自動で水平スケール、垂直スケールを行うことができます。

7.4.1　水平スケール

水平スケール

Part
2
アプリケーションを
壊して学ぶKubernetes

Chapter
7
安全なステートレス・
アプリケーションをつくるには

Horizontal Pod Autoscaler

Horizontal Pod Autoscaler（HPA）を利用することで自動的にPod数を増やしたり、減らしたりすることができます。HPAは通常CPUやメモリの値に応じてPod数が増減しますが、任意のメトリクスを利用して増減させることも可能です。

HPAを利用するためにはmetrics-serverをインストールする必要があります。せっかくなのでインストールしてHPAを動かしてみましょう。

インストール用コマンド

```
kubectl apply --filename https://github.com/kubernetes-sigs/metrics-server/releases/download/v0.6.4/components.yaml
```
kindを使っている場合は次のコマンドも実行してください。
```
kubectl patch --namespace kube-system deployment metrics-server --type=json \
--patch '[{"op":"add","path":"/spec/template/spec/containers/0/args/-","value":"--kubelet-insecure-tls"}]'
```

実行結果

```
$ kubectl apply --filename https://github.com/kubernetes-sigs/metrics-server/
↵ releases/download/v0.6.4/components.yaml
serviceaccount/metrics-server created
~~~省略~~~
service/metrics-server created
deployment.apps/metrics-server created
apiservice.apiregistration.k8s.io/v1beta1.metrics.k8s.io created

$ kubectl patch --namespace kube-system deployment metrics-server --type=json \
  --patch '[{"op":"add","path":"/spec/template/spec/containers/0/args/-","value":"--
kubelet-insecure-tls"}]'
deployment.apps/metrics-server patched
```

metrics-serverが正常に起動していることを確かめましょう。

Part

2

アプリケーションを
壊して学ぶKubernetes

Chapter

7

安全なステートレス・
アプリケーションをつくるには

```
kubectl get deployment metrics-server --namespace kube-system
```

実行結果

```
$ kubectl get deployment metrics-server --namespace kube-system
NAME             READY   UP-TO-DATE   AVAILABLE   AGE
metrics-server   1/1     1            1           14h
```

READYが1/1, AVAILABLEが1になっていればオッケーです。次のようにマニフェストを書くことで水平スケールを実現します。

YAML chapter-07/hpa-hello-server.yaml

```
apiVersion: apps/v1
kind: Deployment
metadata:
  name: hpa-handson
～～～省略～～～
---
apiVersion: autoscaling/v2
kind: HorizontalPodAutoscaler
metadata:
  name: hello-server-hpa
spec:
  minReplicas: 1 --- ❶
  maxReplicas: 10 --- ❷
  metrics: --- ❸
  - resource:
      name: cpu
      target:
        averageUtilization: 50 --- ❹
        type: Utilization
  scaleTargetRef:
    apiVersion: apps/v1
    kind: Deployment
    name: hpa-handson
---
～～～以下省略～～～
```

HPAのマニフェストでは❶minReplicasと❷maxReplicasを指定し、どれくらいPodを増減するかを決めます。増減を決めるためのメトリクスは❸metrics以下に書きます。

❹target.averageUtilizationにはアプリケーションの望ましいCPU使用率を書きます。ここでは50と書いているため、CPU使用率が常に50％を下回るようにPod数を増減させます。詳しい計算方法は公式ドキュメント[※10]をご参照ください。

では、こちらのマニフェストを使って実際にスケールするところを見てみましょう。

```
kubectl apply --filename chapter-07/hpa-hello-server.yaml
--namespace default
```

実行結果

```
$ kubectl apply --filename chapter-07/hpa-hello-server.yaml --namespace default
deployment.apps/hpa-handson created
horizontalpodautoscaler.autoscaling/hello-server-hpa created
service/hello-server-service created
```

しばらくHPAの様子を観察してみましょう。

```
kubectl get hpa --watch --namespace default
```

実行結果

```
$ kubectl get hpa --watch --namespace default
NAME              REFERENCE                TARGETS          MINPODS   MAXPODS   REPLICAS   AGE
hello-server-hpa  Deployment/hpa-handson   <unknown>/50%    1         10        0          13s
hello-server-hpa  Deployment/hpa-handson   <unknown>/50%    1         10        1          15s
hello-server-hpa  Deployment/hpa-handson   0%/50%           1         10        1          75s
```

TARGETSが0％から動かず、REPLICASも1から増えませんね。わざと負荷をかけてPod数が増える様子を見てみましょう。先ほどのターミナルとは別のターミナルを開き、次のコマンドを実行してください。

※10　https://kubernetes.io/docs/tasks/run-application/horizontal-pod-autoscale/#algorithm-details

```
kubectl --namespace default run --stdin --tty load-generator
--rm --image=busybox:1.28 --restart=Never -- /bin/sh -c "while
sleep 0.01; do wget -q -O- http://hello-server-service.default.
svc.cluster.local:8080; done"
```

```
$ kubectl --namespace default run --stdin --tty load-generator --rm
↵ --image=busybox:1.28 --restart=Never -- /bin/sh -c "while sleep 0.01; do wget
↵ -q -O- http://hello-server-service.default.svc.cluster.local:8080; done"
If you don't see a command prompt, try pressing enter.
Hello, world! Let's learn Kubernetes!Hello, world! Let's learn Kubernetes!Hello,
↵ world! Let's learn Kubernetes!Hello, world! Let's learn Kubernetes!Hello,
↵ world! Let's learn Kubernetes!Hello, world! Let's learn Kubernet
```

ターミナルはそのままにしておき、先ほどのターミナルに戻りましょう。しばらくすると次の
ようにREPLICASが増えていると思います。TARGETSに書かれているパーセンテージの左側
の値が増えていると思いますが、こちらが実際に使用している平均CPUの値です。

```
hello-server-hpa    Deployment/hpa-handson    20%/50%     1    10    1    2m15s
hello-server-hpa    Deployment/hpa-handson    0%/50%      1    10    1    2m30s
hello-server-hpa    Deployment/hpa-handson    20%/50%     1    10    1    3m
hello-server-hpa    Deployment/hpa-handson    0%/50%      1    10    1    3m15s
hello-server-hpa    Deployment/hpa-handson    200%/50%    1    10    1    3m45s
hello-server-hpa    Deployment/hpa-handson    200%/50%    1    10    4    4m1s
hello-server-hpa    Deployment/hpa-handson    90%/50%     1    10    4    4m46s
```

負荷をかけ続けると、maxReplicasで指定した10個までPodが増えます。このように、負荷
に応じてPodがスケールするため、急な負荷に対応できるようになります。ただし、試しても
らってわかるとおりスケールするには少し時間がかかるため、本当に急なスパイクには対応でき
ないのでご注意ください。

Part
2
アプリケーションを
壊して学ぶKubernetes

Chapter
7
安全なステートレス・
アプリケーションをつくるには

最後に掃除を忘れないようにしましょう。`kubectl --namespace default run` を
実行したターミナルはCtrl＋Cで中断してください。また、次のコマンドでリソースを削除し
ましょう。

```
kubectl delete --filename chapter-07/hpa-hello-server.yaml
--namespace default
```

7.4.2　垂直スケール

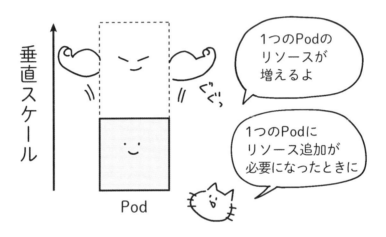

Vertical Pod Autoscaler

Vertical Pod Autoscaler（VPA）を利用することで、自動でResource Requests/Limitsの
値を変更できます。しかし、VPAは先に説明したHPAと同じリソースに対して同時に利用でき
ないため、HPAのみ利用しているケースが多いです。VPAはインストールが必要なため、公式
リポジトリをご参照ください[11]。

※11　https://github.com/kubernetes/autoscaler/tree/master/vertical-pod-autoscaler

Part
2
アプリケーションを
壊して学ぶKubernetes

Chapter
7
安全なステートレス・
アプリケーションをつくるには

7.5 Node退役に備えよう

Nodeが故障したり、Kubernetesのバージョン更新などでNodeのシャットダウンが必要な
ケースは度々出てきたりします。KubernetesではNodeがシャットダウンしても安全にサービ
スを稼働し続けるための機能がいくつかあります。これらの機能を使い、Nodeシャットダウン
が起きても問題なくサービスを稼働し続けられるようにしましょう。

7.5.1 アプリケーションの可用性を保証する PodDisruptionBudget（PDB）

Deploymentの説明で安全にPodを更新する方法の説明を行いましたが、Deploymentでカ
バーできるのは、あくまでPodを更新するときだけです。本番の運用環境ではNodeをメンテナ
ンスするためにNodeからPodを退避させるなど、Podが増えたり減ったりするケースがよく
あります。こういったケースでもPodを安全に退避させるための機能の1つがPod Disruption
Budget（PDB）です。サービスのダウンが発生しても問題ないアプリケーション以外は必須の
設定です。

英語をそのまま訳すと「Podが破壊されるときの予算」です。予算とはなんでしょうか？

Part
2
アプリケーションを
壊して学ぶKubernetes

Chapter
7
安全なステートレス・
アプリケーションをつくるには

予算を設定しておくことで「予算を超えないように」Kubernetesが制御してくれます。それぞれ値は整数値（Podの個数）かパーセンテージ（Podの割合）を指定できます。

- **minAvailable**：「最低いくつのPodが利用可能な状態であるか」を指定する方法です。例えばminAvailableを5に指定した場合、5つのPodが利用可能である必要があります
- **maxUnavailable**：「最大でいくつのPodが利用不可能な状態であるか」を指定する方法です。例えばmaxUnavailableを5に指定した場合、5つのPodが利用不可能な状態でも問題ありません

これらのminAvailableないしmaxUnavailableという指定された値（予算）を超えないように退避させるPodの数を制御します。では、例えば次のDeploymentを用意したとします。

Part
2
アプリケーションを
壊して学ぶKubernetes

Chapter
7
安全なステートレス・
アプリケーションをつくるには

YAML

```yaml
apiVersion: apps/v1
kind: Deployment
metadata:
  name: hello-server
  labels:
    app: hello-server
spec:
  replicas: 3
  selector:
    matchLabels:
      app: hello-server
  template:
    metadata:
      labels:
        app: hello-server
    spec:
      containers:
      - name: hello-server
        image: blux2/hello-server:1.8
```

このDeploymentはreplicasが3ですが、必ず2つ以上のPodが存在してほしいという要件があったとします。

　この要件を満たすためには、次のようなPDBを書くことになるでしょう。

```YAML
apiVersion: policy/v1
kind: PodDisruptionBudget
metadata:
  name: hello-server-pdb
spec:
  minAvailable: 2
  selector:
    matchLabels:
      app: hello-server
```

　この場合、レプリカ数が3つのうち2つは必ず利用可能でなければいけません。例えば、何らかの理由でPodが1つPendingになってしまった場合、同時にapp: hello-serverのPodが乗っているNodeからPodを退避できません。app: hello-serverのPodをNodeから退避させることは「予算を超える」ことであり、NodeのメンテナンスはPendingが解消するまで待たされます。

Chapter

8

総復習：
アプリケーションを直そう

　このChapterでは、これまでの総復習としてアプリケーションを自力で直して
みましょう。原因の調査方法を解説していきますが、腕試しをしたい方はいった
ん解説を読まずに直してみましょう！

　使用するマニフェストを見ると壊れた原因などがすぐわかるかもしれませんが、
マニフェストを見ずに原因調査をしてみましょう。

Part

2

アプリケーションを
壊して学ぶKubernetes

Chapter

8

総復習：
アプリケーションを直そう

Part

2

アプリケーションを
壊して学ぶKubernetes

Chapter

8

総復習：
アプリケーションを直そう

8.1　準備 環境を作る

　まずはシングルノードのクラスタ環境を作りましょう。クラスタ外からアクセスする必要があるため、Docker Desktop + kindを利用している方は［6.3.1　ServiceのTypeを知ろう］の［Type: NodePort］で説明しているクラスタの構築方法を参照してクラスタを構築してください。

8.2　アプリケーション環境を構築する

　マニフェストを適用し、アプリケーション環境を構築しましょう。

```
kubectl apply --filename chapter-08/hello-server.yaml --namespace default
```

実行結果

```
$ kubectl apply --filename chapter-08/hello-server.yaml --namespace default
deployment.apps/hello-server created
configmap/hello-server-configmap created
service/hello-server-external created
poddisruptionbudget.policy/hello-server-pdb created
```

　Podが作成できていることを確認しましょう。

```
kubectl get pod --namespace default
```

```
$ kubectl get pod --namespace default
NAME                            READY   STATUS    RESTARTS   AGE
hello-server-855955d6f8-fcvnm   1/1     Running   0          61s
hello-server-855955d6f8-kqh9k   1/1     Running   0          61s
hello-server-855955d6f8-xwrpz   1/1     Running   0          61s
```

このマニフェストを利用して立ち上げたhello-serverはポート30599番でアクセスできます。アプリケーションに接続できることを確認しましょう。つぎのコマンドでNodeのIPを取得しましょう。

```
kubectl get nodes -o jsonpath='{.items[*].status.addresses[?(@.type=="InternalIP")].address}'
```

実行結果

```
$ kubectl get nodes -o jsonpath='{.items[*].status.addresses[?(@.type=="InternalIP")].address}'
172.18.0.2%
```

取得したInternalIPを利用してアクセスしましょう。

```
curl <NodeのIP>:30599
```

実行結果　　Docker Desktop + kind以外の場合

```
$ curl 172.18.0.2:30599
Hello, world! Let's learn Kubernetes!
```

Dcoker Desktop + kindを利用している方は次のコマンドでアクセスしましょう。

```
curl localhost:30599
```

これで正常なアプリケーション環境を構築できました。

8.3　アプリケーションを更新する

では、マニフェストを適用してアプリケーションを更新しましょう。

```
kubectl apply --filename chapter-08/hello-server-update.yaml
--namespace default
```

Part
2
アプリケーションを
壊して学ぶKubernetes

Chapter
8
総復習：
アプリケーションを直そう

実行結果

```
$ kubectl apply --filename chapter-08/hello-server-update.yaml
↵ --namespace default
deployment.apps/hello-server configured
configmap/hello-server-configmap configured
service/hello-server-external unchanged
poddisruptionbudget.policy/hello-server-pdb configured
```

8.4　正常性確認を行ってみよう

問題なく更新できているか確認しましょう。

```
curl <NodeのIP>:30599
```

実行結果　Docker Desktop + kind以外の場合

```
$ curl 172.18.0.2:30599
Hello, world! Let's learn Kubernetes!
```

※Dcoker Desktop + kindを利用している方は次のコマンドでアクセスしましょう。
```
curl localhost:30599
```

アプリケーションと疎通できているようです。問題なくアプリケーションの更新を行うことができました。……本当にそうでしょうか？　では、Deploymentのステータスを見てみましょう。

```
kubectl get deployment --namespace default
```

実行結果

```
$ kubectl get deployment --namespace default
NAME           READY   UP-TO-DATE   AVAILABLE   AGE
hello-server   3/3     1            3           28m
```

UP-TO-DATEが1になっています。これはPodが1つ更新中ということを示しています。つづいて、ReplicaSetを見てみましょう。

```
kubectl get replicaset --namespace default
```

実行結果

```
$ kubectl get replicaset --namespace default
NAME                     DESIRED   CURRENT   READY   AGE
hello-server-694846c4f7  1         1         0       37s
hello-server-855955d6f8  3         3         3       3m23s
```

AGEの若いReplicaSetのREADYが0で、古いReplicaSetのREADYが3になっています。どうやら古いバージョンのアプリケーションが動き続けているだけのようです。

では、ここからが実践演習です！　ここからは次のことをゴールに原因調査と解消を行ってみてください。

- **アプリケーションにアクセスして「Hello, world! Let's build, break and fix」が返ってくる**
- **AGEの若いReplicaSetのREADYが3になる**

どうしてもわからなければ、更新前と更新後のマニフェストでdiffを取ってみてください。何かヒントが得られると思います。次のSectionで解説を行いますので、実力を試したい方は次のSection以降は見ないほうが良いでしょう！

8.5 原因調査を行ってみよう

原因調査を行う方法を解説していきます。唯一の正解というわけではないので、あくまで参考程度に考えてください。正常性確認で「新規ReplicaSetがどうやらうまく動いていない」ということがわかりました。さらに詳しく見ていくには、まずPodを確認します。

```
kubectl get pod --namespace default
```

実行結果

```
$ kubectl get pod --namespace default
NAME                             READY   STATUS     RESTARTS      AGE
hello-server-694846c4f7-d7b4n    0/1     Running    1 (31s ago)   77s
hello-server-855955d6f8-fcvnm    1/1     Running    0             4m3s
hello-server-855955d6f8-kqh9k    1/1     Running    0             4m3s
hello-server-855955d6f8-xwrpz    1/1     Running    0             4m3s
```

ReadyになっていないPodがいますね。おそらく、このPodが新規ReplicaSetのものだと想像がつきます。さらに次のコマンドで詳細を見ていきましょう。

```
kubectl describe pod <ReadyになっていないPod名> --namespace default
```

実行結果

```
$ kubectl describe pod hello-server-694846c4f7-d7b4n --namespace default
Name:            hello-server-694846c4f7-d7b4n
~~~省略~~~
Events:
  Type     Reason      Age       From                Message
  ----     ------      ----      ----                -------
  Normal   Scheduled   2m41s               default-scheduler
Successfully assigned default/hello-server-694846c4f7-d7b4n to kind-
↵ nodeport-control-plane
```

→ 次ページへ

```
～～～省略～～～
  Warning  Unhealthy  85s (x11 over 2m10s)  kubelet
               Readiness probe failed: Get "http://10.244.0.8:8081/health":
dial tcp 10.244.0.8:8081: connect: connection refused --- ❶
  Warning  Unhealthy  6m8s (x162 over 46m)  kubelet          Liveness
probe failed: Get "http://10.244.0.8:8081/health": dial tcp
10.244.0.8:8081: connect: connection refused --- ❷
```

　❶Readiness probeも❷Liveness probeも両方失敗しているため、ヘルスチェック用のエンドポイントにアクセスできていないようです。いくつか原因が考えられます。

● アプリケーションの内部が壊れてしまい、ヘルスチェックが通らなくなってしまった
● ヘルスチェック用のエンドポイント（ポート番号、パス）が間違っている

さらにログも見てみます。

```
kubectl logs <READYになっていないPod名> --namespace default
```

実行結果

```
$ kubectl logs hello-server-694846c4f7-d7b4n --namespace default
2023/11/01 13:15:53 Starting server on port 8082
```

　8082番ポートで受け付けていると言っていますね。マニフェストのヘルスチェック設定を見てみましょう。

```
kubectl get deployment hello-server --output yaml --namespace default
```

Part
2
アプリケーションを
壊して学ぶKubernetes

Chapter
8
総復習：
アプリケーションを直そう

Part

2

アプリケーションを
壊して学ぶKubernetes

Chapter

8

総復習：
アプリケーションを直そう

```
$ kubectl get deployment hello-server --output yaml --namespace default
apiVersion: apps/v1
kind: Deployment
metadata:
～～～省略～～～
        livenessProbe:
          failureThreshold: 3
          httpGet:
            path: /health
            port: 8081
            scheme: HTTP
          initialDelaySeconds: 10
          periodSeconds: 5
          successThreshold: 1
          timeoutSeconds: 1
        name: hello-server
        readinessProbe:
          failureThreshold: 3
          httpGet:
            path: /health
            port: 8081 --- ❶
            scheme: HTTP
          initialDelaySeconds: 5
          periodSeconds: 5
          successThreshold: 1
          timeoutSeconds: 1
～～～以下略～～～
```

❶ビンゴ！　ポートが8081番になっています。これを修正すれば良さそうです。アプリケーションの更新とともにヘルスチェック用のポート番号を変更したのでしょう。ローカルにダウンロードしてあるマニフェストをコピーし、修正用に新規マニフェストを作成します。

```
cp chapter-08/hello-server-update.yaml chapter-08/hello-server-update-fix.yaml
```

chapter-08/hello-server-update-fix.yamlを開き、ヘルスチェックのポート番号を8082に変更します。

Part
2
アプリケーションを
壊して学ぶKubernetes

Chapter
8
総復習：
アプリケーションを直そう

YAML　chapter-08/hello-server-update-fix.yaml

```yaml
apiVersion: apps/v1
kind: Deployment
metadata:
  name: hello-server
  labels:
    app: hello-server
spec:
~～～省略～～～
    spec:
~～～省略～～～
      containers:
      - name: hello-server
        image: blux2/hello-server:2.0.1
~～～省略～～～
        readinessProbe:
          httpGet:
            path: /health
-           port: 8081
+           port: 8082
          initialDelaySeconds: 5
          periodSeconds: 5
        livenessProbe:
          httpGet:
            path: /health
-           port: 8081
+           port: 8082
          initialDelaySeconds: 10
          periodSeconds: 5
---
```
(Deployment以外のリソースは省略)

273

修正を適用する前に元のマニフェストと差分を確認しましょう。

```
diff chapter-08/hello-server-update.yaml chapter-08/hello-
server-update-fix.yaml
```

実行結果

```
$ diff chapter-08/hello-server-update.yaml chapter-08/hello-server-
↵ update-fix.yaml
49c49
<           port: 8081
---
>           port: 8082
55c55
<           port: 8081
---
>           port: 8082
```

修正したマニフェストの変更を適用します。

```
kubectl apply --filename chapter-08/hello-server-update-fix.
yaml --namespace default
```

実行結果

```
$ kubectl apply --filename chapter-08/hello-server-update-fix.yaml
↵ --namespace default
deployment.apps/hello-server configured
configmap/hello-server-configmap unchanged
service/hello-server-external unchanged
poddisruptionbudget.policy/hello-server-pdb configured
```

Podの様子をwatchで見ましょう。

```
kubectl get pod --watch --namespace default
```

```
$ kubectl get pod --watch --namespace default
NAME                              READY   STATUS    RESTARTS      AGE
hello-server-6bd67ff77f-lx465     0/1     Running   0             22s
hello-server-855955d6f8-fcvnm     1/1     Running   0             13m
hello-server-855955d6f8-kqh9k     1/1     Running   0             13m
hello-server-855955d6f8-xwrpz     1/1     Running   0             13m
hello-server-6bd67ff77f-lx465     0/1     Running   1 (9s ago)    45s
～～～以下略～～～
```

　結局Readyになりません。どうやらこれだけでは修正が足りないようですね。これまでのハンズオンでは1ハンズオン1修正になるような問題ばかりでしたが、現実ではこのように複数の問題が重なって動かなくなることがよくあります。再度Podの詳細を見ます。

```
kubectl describe pod <READYになっていないPod名> --namespace default
```

```
$ kubectl describe pod hello-server-6bd67ff77f-lx465 --namespace default
Name:           hello-server-6bd67ff77f-lx465
Namespace:      default
～～～省略～～～
Events:
  Type     Reason     Age                 From          Message
  ----     ------     ----                ----          -------
～～～省略～～～
  Normal   Started    25s (x2 over 57s)   kubelet       Started
↵ container hello-server
  Warning  Unhealthy  94s (x7 over 2m29s)  kubelet      Readiness
↵ probe failed: HTTP probe failed with statuscode: 404 --- ❶
  Warning  Unhealthy  89s (x6 over 2m24s)  kubelet      Liveness
↵ probe failed: HTTP probe failed with statuscode: 404 --- ❷
  Normal   Killing    4s (x2 over 34s)    kubelet       Container
↵ hello-server failed liveness probe, will be restarted
```

今度はより詳細にエラーが出ています。❶❷で404と言っていますね。つまり「Not Found」です。アクセス先は問題ないけれど、パスが存在しないようですね。これは実装を見てみるしかありません。GitHubを確認してみましょう。

更新前と更新後のマニフェストではコンテナイメージのタグが1.8から2.0に上がっています。このタグとGitHub上のタグは連動しているため、タグの差分から怪しい変更はないか見てみましょう。

https://github.com/aoi1/bbf-kubernetes/compare/1.8...2.0

```
∨  ⇕  4 ■■■■□ hello-server/main.go ⧉

   ↥                @@ -21,8 +21,8 @@ func main() {
  21    21                   fmt.Fprintf(w, "Hello, world! Let's learn Kubernetes!")
  22    22               })
  23    23
  24     -           http.HandleFunc("/health", func(w http.ResponseWriter, r *http.Request) {
  25     -               if r.URL.Path != "/health" {
         24    +       http.HandleFunc("/healthz", func(w http.ResponseWriter, r *http.Request) {
         25    +           if r.URL.Path != "/healthz" {
  26    26                       http.NotFound(w, r)
  27    27                       return
  28    28                   }
   ↧
```

どうやらヘルスチェック用のパスを/healthzに変えたようです。環境に適用したマニフェストを参照してみます。

YAML chapter-08/hello-server-update-fix.yaml

```
apiVersion: apps/v1
kind: Deployment
metadata:
  name: hello-server
  labels:
    app: hello-server
～～～省略～～～
        readinessProbe:
          httpGet:
```

```
      path: /health
      port: 8082
    initialDelaySeconds: 5
    periodSeconds: 5
  livenessProbe:
    httpGet:
      path: /health
      port: 8082
～～～以下略～～～
```

　ヘルスチェック用のパスが/healthになっています。実装の変更のみ行い、マニフェストの修正を忘れていたようですね。再度chapter-08/hello-server-update-fix.yamlを修正してみましょう。

Part
2
アプリケーションを
壊して学ぶKubernetes

Chapter
8
総復習：
アプリケーションを直そう

YAML　　chapter-08/hello-server-update-fix.yaml

```
apiVersion: apps/v1
kind: Deployment
metadata:
  name: hello-server
  labels:
    app: hello-server
spec:
～～～省略～～～
    spec:
～～～省略～～～
      containers:
      - name: hello-server
        image: blux2/hello-server:2.0.1
～～～省略～～～
        readinessProbe:
          httpGet:
-           path: /health
+           path: /healthz
            port: 8082
          initialDelaySeconds: 5
          periodSeconds: 5
        livenessProbe:
```

```
        httpGet:
-            path: /health
+            path: /healthz
          port: 8082
        initialDelaySeconds: 10
        periodSeconds: 5
---
(Deployment以外のリソースは省略)
```

環境に適用する前にdiffで修正内容を見てみましょう。

```
diff chapter-08/hello-server-update.yaml chapter-08/hello-
server-update-fix.yaml
```

実行結果

```
$ diff chapter-08/hello-server-update.yaml chapter-08/hello-server-
↵ update-fix.yaml
48,49c48,49
<            path: /health
<            port: 8081
---
>            path: /healthz
>            port: 8082
54,55c54,55
<            path: /health
<            port: 8081
---
>            path: /healthz
>            port: 8082
```

先ほど修正したポート番号とヘルスチェックのパスがdiffで出ていますね。修正を適用してみましょう。

```
kubectl apply --filename chapter-08/hello-server-update-fix.
yaml --namespace default
```

Part
2
アプリケーションを
壊して学ぶKubernetes

Chapter
8
総復習：
アプリケーションを直そう

```
$ kubectl apply --filename chapter-08/hello-server-update-fix.yaml
↵ --namespace default
deployment.apps/hello-server configured
configmap/hello-server-configmap unchanged
service/hello-server-external unchanged
poddisruptionbudget.policy/hello-server-pdb configured
```

問題なく修正が適用できたようです。Podをみてみましょう。

```
kubectl get pod --namespace default
```

```
$ kubectl get pod --namespace default
NAME                            READY    STATUS             RESTARTS    AGE
hello-server-7ddf5cff7f-hd49m   1/1      Running            0           28s
hello-server-7ddf5cff7f-mvlf4   0/1      ContainerCreating  0           8s
hello-server-855955d6f8-fcvnm   1/1      Running            0           38m
hello-server-855955d6f8-xwrpz   1/1      Running            0           38m
```

先ほどまでと少し様子が変わっていますね。しばらく待ってからDeploymentの様子を見てみましょう。

```
kubectl get deployment hello-server --namespace default
```

```
$ kubectl get deployment hello-server --namespace default
NAME           READY    UP-TO-DATE    AVAILABLE    AGE
hello-server   3/3      3             3            85m
```

無事、UP-TO-DATEが3になっています。ReplicaSetとPodを再度見てみましょう。

```
kubectl get replicaset,pod --namespace default
```

Part
2
アプリケーションを
壊して学ぶKubernetes

Chapter
8
総復習：
アプリケーションを直そう

```
$ kubectl get replicaset,pod --namespace default
NAME                         DESIRED   CURRENT   READY   AGE
hello-server-694846c4f7      0         0         0       36m
hello-server-6bd67ff77f      0         0         0       25m
hello-server-7ddf5cff7f      3         3         3       66s
hello-server-855955d6f8      0         0         0       38m


NAME                              READY   STATUS    RESTARTS   AGE
hello-server-7ddf5cff7f-hd49m     1/1     Running   0          102s
hello-server-7ddf5cff7f-mvlf4     1/1     Running   0          82s
hello-server-7ddf5cff7f-v9m64     1/1     Running   0          62s
```

一番AGEが若いReplicaSetのREADYが3になっています。Podもすべて Running になっています。無事アプリケーションの更新が完了したようです！

最後にアプリケーションにアクセスしてみましょう。

```
curl <NodeのIP>:30599
```

実行結果　　Docker Desktop + kind以外の場合

```
$ curl 172.18.0.2:30599
curl: (7) Failed to connect to localhost port 30599: Connection refused
```

Docker Desktop + kindを利用している方は次のコマンドでアクセスしましょう。

```
curl localhost:30599
```

実行結果

```
$ curl localhost:30599
curl: (52) Empty reply from server
```

おや……今度はアプリケーションにアクセスできなくなってしまいました（はじめは問題な
かったとしても、何度か実行しているうちに失敗します）。本番環境であればユーザーに影響が
出てしまっている状況です。早急に直す必要があります！

では、何が問題なのでしょうか。PodがRunningになっているので、デバッグ用のコンテナ
を立ち上げてコンテナ内部から接続確認してみましょう。

```
kubectl debug --stdin --tty <任意のPod名> --image=curlimages/
curl --container=debug-container -- sh
```

デバッグ用コンテナの内部からlocalhostにアクセスしてみましょう。

```
curl localhost:8082
```

実行結果

```
$ kubectl debug --stdin --tty hello-server-7ddf5cff7f-hd49m
↵ --image=curlimages/curl --container=debug-container -- sh
If you don't see a command prompt, try pressing enter.
$$ curl localhost:8082
Hello, world! Let's build, break and fix!
```

localhost宛であれば問題なく動くようです。別ターミナルでPodのIPアドレスを確認して
Pod間通信を確かめてみましょう。まずはPodのIPアドレスを確認します。

```
kubectl get pod --output wide --namespace default
```

実行結果

```
$ kubectl get pod --output wide --namespace default
NAME                           READY   STATUS    RESTARTS   AGE
↵ IP            NODE                          NOMINATED NODE   READINESS GATES
hello-server-7ddf5cff7f-hd49m  1/1     Running   0          3m32s
↵ 10.244.0.10   kind-nodeport-control-plane   <none>           <none>
hello-server-7ddf5cff7f-mvlf4  1/1     Running   0          3m12s
```

→ 次ページへ

Part
2
アプリケーションを
壊して学ぶKubernetes

Chapter
8
総復習：
アプリケーションを直そう

```
↵ 10.244.0.11   kind-nodeport-control-plane   <none>          <none>
hello-server-7ddf5cff7f-v9m64   1/1      Running   0           2m52s
↵ 10.244.0.12   kind-nodeport-control-plane   <none>          <none>
```

　適当なPodを1つ選び、IPアドレスをコピーしましょう。そして先ほどデバッグ用コンテナを立ち上げたターミナルに戻り、接続確認しましょう。

```
curl <PodのIPアドレス>:8082
```

実行結果

```
$ curl 10.244.1.4:8082
Hello, world! Let's build, break and fix!
```

Pod間通信も問題なさそうです。こうなるとServiceが疑わしいですね。見てみましょう。

```
kubectl get service --namespace default
```

実行結果

```
$ kubectl get service --namespace default
NAME                    TYPE        CLUSTER-IP       EXTERNAL-IP
↵ PORT(S)          AGE
hello-server-external   NodePort    10.96.253.217    <none>
↵ 8081:30599/TCP   42m
kubernetes              ClusterIP   10.96.0.1        <none>
↵ 443/TCP          42m
```

　Readiness/Liveness probeのポートを8082に変更した時点で気付いた方もいるかもしれませんが、ヘルスチェック用のポート番号が変わっただけではありませんでした。サーバが待ち受けるポート番号が8081から8082に変更されています。しかし、Serviceはどうやらポート番号の変更に追従できていないようです。

今回のマニフェストではポート番号をConfigMapから読み込んでおり、イメージの更新ととも
もにConfigMapでポート番号が書き換えられているのでした。適用したマニフェストを確認し
てみましょう。

| YAML | chapter-08/hello-server-update-fix.yaml |

```yaml
apiVersion: apps/v1
kind: Deployment
～～～省略～～～
      containers:
      - name: hello-server
        image: blux2/hello-server:2.0.1
        env:
        - name: PORT
          valueFrom:
            configMapKeyRef:
              name: hello-server-configmap
              key: PORT
～～～省略～～～
---
apiVersion: v1
kind: ConfigMap
metadata:
  name: hello-server-configmap
data:
  PORT: "8082"
  HOST: "localhost"
～～～以下略～～～
```

　Serviceの更新が漏れていたということで、Serviceが利用するポート番号を変更しましょう。
chapter-08/hello-server-update-fix.yamlを次のように修正してください。

Part

2

アプリケーションを
壊して学ぶKubernetes

Chapter

8

総復習：
アプリケーションを直そう

```yaml
apiVersion: v1
kind: Service
metadata:
  name: hello-server-external
spec:
  type: NodePort
  selector:
    app: hello-server
  ports:
-   - port: 8081
-     targetPort: 8081
+   - port: 8082
+     targetPort: 8082
      nodePort: 30599
```

（他のリソースは省略）

環境に適用する前にファイルのdiffをみてみましょう。

```
diff chapter-08/hello-server-update.yaml chapter-08/hello-
server-update-fix.yaml
```

実行結果

```
$ diff chapter-08/hello-server-update.yaml chapter-08/hello-server-update-fix.yaml
48,49c48,49
<           path: /health
<           port: 8081
---
>           path: /healthz
>           port: 8082
54,55c54,55
<           path: /health
<           port: 8081
---
>           path: /healthz
>           port: 8082
```

→ 次ページへ

⊙ 前ページのつづき

```
76,77c76,77
<     - port: 8081
<       targetPort: 8081
---
>     - port: 8082
>       targetPort: 8082
```

次のコマンドで修正を適用します。

```
kubectl apply --filename chapter-08/hello-server-update-fix.
yaml --namespace default
```

実行結果

```
$ kubectl apply --filename chapter-08/hello-server-update-fix.yaml --namespace default
deployment.apps/hello-server unchanged
configmap/hello-server-configmap unchanged
service/hello-server-external configured
poddisruptionbudget.policy/hello-server-pdb configured
```

Podに変更がないことを確認しましょう。

```
kubectl get pod --namespace default
```

実行結果

```
$ kubectl get pod --namespace default
NAME                            READY   STATUS    RESTARTS   AGE
hello-server-7ddf5cff7f-hd49m   1/1     Running   0          5m43s
hello-server-7ddf5cff7f-mvlf4   1/1     Running   0          5m23s
hello-server-7ddf5cff7f-v9m64   1/1     Running   0          5m3s
```

Serviceで8082番ポートが指定されていることを確認します。

```
kubectl get service --namespace default
```

Part
2
アプリケーションを
壊して学ぶKubernetes

Chapter
8
総復習：
アプリケーションを直そう

Part

2

アプリケーションを
壊して学ぶKubernetes

Chapter

8

総復習：
アプリケーションを直そう

実行結果

```
$ kubectl get service --namespace default
NAME                    TYPE        CLUSTER-IP      EXTERNAL-IP
↵ PORT(S)         AGE
hello-server-external   NodePort    10.96.137.114   <none>
↵ 8082:30599/TCP   3h54m
kubernetes              ClusterIP   10.96.0.1       <none>
↵ 443/TCP          4h21m
```

Serviceの修正が反映されていますね！　では、接続確認をしましょう。

```
curl <NodeのIP>:30599
```

実行結果　Docker Desktop + kind 以外の場合

```
curl 172.18.0.2:30599
Hello, world! Let's build, break and fix!
```

Docker Desktop + kindを利用している方は次のコマンドでアクセスしましょう。

```
curl localhost:30599
```

実行結果

```
$ curl localhost:30599
Hello, world! Let's build, break and fix!
```

おめでとうございます！　今度こそアプリケーションが正常に稼働するようになりました。

解答のマニフェストはchapter-08/handson-answer.yamlというファイル名でGitHubに上げています。手元のマニフェストと見比べてみてください。

今回利用したマニフェストはすべてPart 2で触れたものばかりです。「これってどういう意味かな？」と思った方はPart 2を読み直してみてください。Docker Desktop + kindを利用している方は最後にクラスタごと削除し、掃除をしましょう。

```
kind delete cluster -n kind-nodeport
```

デフォルトクラスタを立ち上げ直します。

```
kind create cluster --image=kindest/node:v1.29.0
```

Part

3

壊れても動く
Kubernetes

Part 3は応用編です。ここまでの知識でアプリケーション開発者がKubernetesを触るには十分だと思います。しかし、環境や個人の興味次第でより深く知りたい（知る必要がある）ことでしょう。開発フローなど開発全体の話も含まれていますので、ぜひ目を通してみてください。今はタイミングではない、と感じてここで本を終えても大丈夫です。またタイミングがあえば戻ってきてくださいね。

Chapter

9

Kubernetesの仕組み、アーキテクチャを理解しよう

　Kubernetesの仕組みやアーキテクチャを理解していなくても動かすことはできます。実際に、Chapter8までの知識があれば十分アプリケーション開発者としてKubernetesを触れるレベルに達していると思います。しかし、ちょっとでも仕組みやアーキテクチャをかじっておくと、複雑な問題に当たったときに理解が進みやすくなります。なるべくわかりやすく説明しますので、一緒に勉強していきましょう。

色々わかってきたので
そろそろステップアップ
したいな〜

YEAH！呼んだ？
そろそろ応用編
いってみよ〜か

まずはKubernetesのアーキテクチャを
もう少し知っておくと良いよ

でもぼくは
クラスタを管理
するわけじゃないしなあ...

Black Box

kubectl
apply

ある程度「何が起こるか」
がわかると問題が発生した時
調べやすいよ

でもなんか
難しそうだし...

大丈夫！！
そんな細かい仕組みは
説明しないから！

安心してください
わかった気に
なれさえすればOK!

なにより
Kubernetesの仕組みは
面白い！
工夫が見て取れる！
賢い！素敵！

Part

3

壊れても動く
Kubernetes

Chapter

9

Kubernetesの仕組み、
アーキテクチャを理解しよう

9.1　Kubernetesのアーキテクチャについて

　これまでPart 1、Part 2とKubernetesを触ってきましたが、Kubernetesはどのように動いているのでしょうか。Kubernetesを扱ううえで詳細なアーキテクチャを知らなくてもある程度は問題解決ができる、というのはこれまで触れてきたとおりです。しかし、一度複雑な問題に直面すると、アーキテクチャの知識があった方が問題解決はスムーズになります。

　Kubernetesは、実は「アプリケーションサーバとデータベースというウェブサービスでよく見るインフラ構成と似ている」と聞いたら理解が進みやすいのではないでしょうか。詳しく説明していきます。

9.2　アーキテクチャ概要

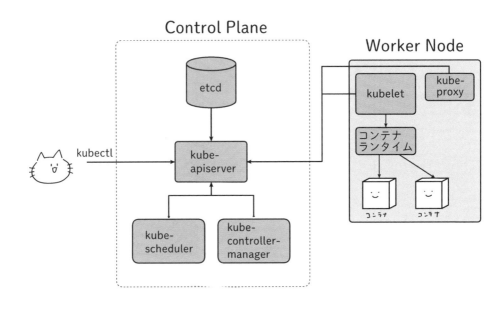

9.3 Kubernetesクラスタの要となる Control Plane

kubectlやkube-apiserverについては以前説明しましたが、改めて見ていきましょう。

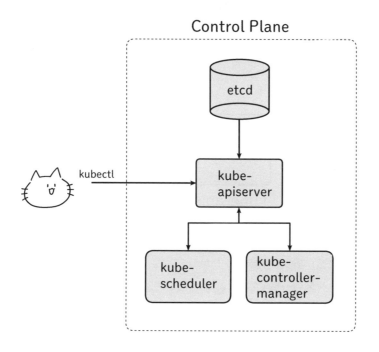

Control Plane

これらのコンポーネントはkube-systemのNamespace内のPodを参照することで実際に動いていることを確認できます。

```
kubectl get pod --namespace kube-system
```

Part

3

壊れても動く
Kubernetes

Chapter

9

Kubernetesの仕組み、
アーキテクチャを理解しよう

291

```
$ kubectl get pod --namespace kube-system
NAME                                            READY   STATUS    RESTARTS   AGE
coredns-5d78c9869d-s6qjw                        1/1     Running   0          7h46m
coredns-5d78c9869d-zsq49                        1/1     Running   0          7h46m
etcd-kind-control-plane                         1/1     Running   0          7h46m
kindnet-pd6lq                                   1/1     Running   0          7h46m
kube-apiserver-kind-control-plane               1/1     Running   0          7h46m
kube-controller-manager-kind-control-plane      1/1     Running   0          7h46m
kube-proxy-xs945                                1/1     Running   0          7h46m
kube-scheduler-kind-control-plane               1/1     Running   0          7h46m
```

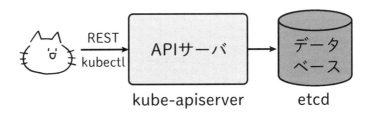

kube-apiserver は REST で通信可能な API サーバです。etcd は分散型キーバリューストアであり、いわゆるデータベースの一種です。Control Plane は API サーバとデータベースでできている、と思うと一般的な Web サービスのような親近感が湧きませんか？

実際、kube-apiserver はユーザー（kubectl）からのリクエストを受けて etcd にデータを保存しています。また、kubectl get では etcd に保存してあるデータを kube-apiserver を通じて受け取っています。これらの操作は、kubectl で確認することもできます。

```
kubectl get pod --v 7 --namespace kube-system
```

```
$ kubectl get pod --v 7 --namespace kube-system
I1101 23:30:08.280591    97630 loader.go:373] Config loaded from file:  /Users/aoi/.
kube/config
I1101 23:30:08.285009    97630 round_trippers.go:463] GET https://127.0.0.1:60983/api/
v1/namespaces/kube-system/pods?limit=500
I1101 23:30:08.285016    97630 round_trippers.go:469] Request Headers:
I1101 23:30:08.285020    97630 round_trippers.go:473]    Accept: application/
json;as=Table;v=v1;g=meta.k8s.io,application/json;as=Table;v=v1beta1;g=meta.k8s.
io,application/json
I1101 23:30:08.285024    97630 round_trippers.go:473]    User-Agent: kubectl/v1.29.0
(darwin/arm64) kubernetes/fa3d799
I1101 23:30:08.292896    97630 round_trippers.go:574] Response Status: 200 OK in 7
milliseconds
NAME                                                 READY  STATUS    RESTARTS  AGE
coredns-5dd5756b68-krk4s                             1/1    Running   0         80m
coredns-5dd5756b68-mh8vq                             1/1    Running   0         80m
etcd-kind-nodeport-control-plane                     1/1    Running   0         81m
kindnet-w6nt2                                        1/1    Running   0         80m
kube-apiserver-kind-nodeport-control-plane           1/1    Running   0         81m
kube-controller-manager-kind-nodeport-control-plane  1/1    Running   0         81m
kube-proxy-wvp48                                     1/1    Running   0         80m
kube-scheduler-kind-nodeport-control-plane           1/1    Running   0         81m
```

kubectl get podに対して、どのようなリクエストが行われているかを見ることができます。
https://127.0.0.1:60983/api/v1/namespaces/default/pods?limit
=500 に対してGET通信が行われ、200 OKのレスポンスが返ってきています。

それでは、ほかのコンポーネントは何をしているのでしょうか。kube-schedulerはPodを
Nodeにスケジュールする役割を担っています。これまでAffinityの説明などで「Podをスケ
ジュールする」などと書きましたが、これはkube-schedulerが決めています。

Part
3
壊れても動く
Kubernetes

Chapter
9
Kubernetesの仕組み、
アーキテクチャを理解しよう

kube-controller-managerはKubernetesを最低限動かすために必要な複数のコントローラを動かしています。コントローラについてはこれまであまり触れてきませんでしたが、「マニフェストに書かれている内容に応じて動作する」プログラム全般をコントローラと言います。例えば「replicasが3とマニフェストに書かれているのでPodを3つ用意する」のはReplication Controllerの仕事です。ほかにもNodeが落ちたときに通知してくれるNode Lifecycle Controllerなどがあります。

9.4 アプリケーションの実行を担う Worker Node

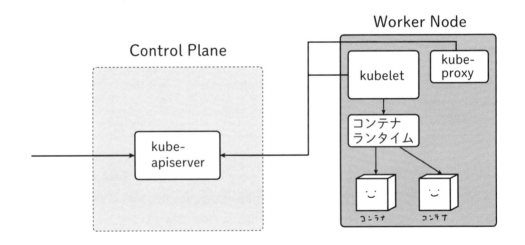

Worker Nodeは、実際にアプリケーションコンテナの起動を行うNodeです。Control Planeは冗長化を考慮してNodeが3台程度で動くのに対して、Worker Nodeは規模によっては100台動かすこともあります。では、各コンポーネントの詳細を見ていきましょう。

●**kubelet**：クラスタ内の各Nodeで動いています。Podにひもづくコンテナを管理します。kubeletが起動しているNodeにPodがスケジュールされると、コンテナランタイムに指示してコンテナを起動します

Part
3
壊れても動く
Kubernetes

Chapter
9
Kubernetesの仕組み、
アーキテクチャを理解しよう

294

- **kube-proxy**：Kubernetes Service リソースなどに応じてネットワーク設定を行うコンポーネントです。クラスタ内の各ノード上で動作します。kube-proxyによってクラスタ内外のネットワークセッションからPodへのネットワーク通信が可能となります
- **コンテナランタイム**：コンテナを実行する役割のソフトウェアです。Kubernetes特有の技術ではありません。コンテナランタイムはソフトウェアの総称であり、具体的にはcontainerdやCRI-Oが挙げられます

9.5 Kubernetesクラスタにアクセスするための CLI：kubectl

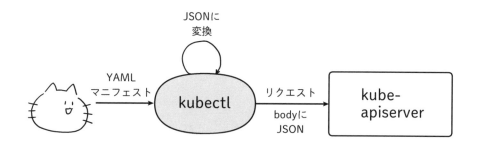

kube-apiserverに関連してkubectlについて説明しましたが、改めて説明します。kubectlとはkube-apiserverと通信するためのCLIツールです。kube-apiserverはRESTfulなAPIサーバですので、kubectlなしでもcurlなどを利用して通信することは可能です。

しかし実際に利用しようとすると、非常に面倒です。そこで利用するのがラッパーツールであるkubectlです。kube-apiserverと通信するためにはすべてJSON形式である必要がありますが、今までマニフェストなどでJSON形式を意識したことはないですよね？　出力もYAML形式で見られていました。これらはすべてkubectlがkube-apiserverとの通信をユーザーによってみやすい形（YAML形式）に変換してくれていたからです。

Part

3

壊れても動く
Kubernetes

Chapter

9

Kubernetesの仕組み、
アーキテクチャを理解しよう

9.6 kubectl applyしてから コンテナが起動するまでの流れ

では、一通りKubernetesのアーキテクチャを説明したところで、改めて「kubectl apply --filename pod.yaml（Podを作成するマニフェスト）」を実施すると何が起こるかを説明しましょう。

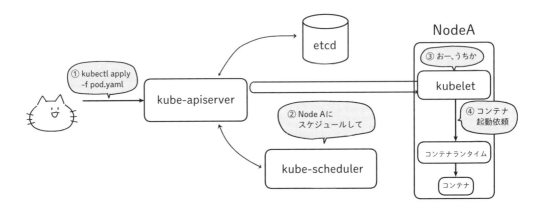

kubectlからkube-apiserverにPodの作成が指示され、etcdにマニフェストで指定した情報が保存されます。マニフェストに指定された内容をもとにスケジューラがどのNodeにコンテナを起動すべきか決定します。kubeletは自分のNodeにコンテナを起動すべきことを検知し、コンテナランタイムに指示してコンテナを起動します。

かなりざっくりとした説明にはなりますが、コンテナを起動する一連の流れはこのようになります。

Part
3
壊れても動く
Kubernetes

Chapter
9
Kubernetesの仕組み、アーキテクチャを理解しよう

296

今回はいよいよ Kubernetesクラスタの要である Control Plane を破壊だーーーっ

私を倒した気でいるのか

ワシは死なんっ！！！

なんだってぇーーっ

実はControl Planeのマシンを破壊したとしてもアプリケーションは動き続けられるよ

アーキテクチャで説明したように、Kubernetesの各コンポーネントが自立して動いているからね

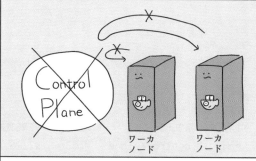

ワーカノード　ワーカノード

Control Plane にアクセスできないからといって Worker Node 上のコンテナを消すわけじゃないしね ただし、コンテナの更新はできなくなるよ

というのを体験しよ〜！

これまで説明したように、Kubernetes では各コンポーネントがそれぞれ役割をもって自立して動いています。そのおかげで Kubernetes は障害に強いと言われており、なかなか壊そうと思っても壊せません。

このハンズオンでは Kubernetes の Control Plane を破壊して、Kubernetes の壊れにくさを体感します。今回は Control Plane と Worker Node が分かれている必要があり、かつ NodePort が使用可能である必要があります。次の方法で kind のクラスタを構築してください。

9.7.1　準備 クラスタを構築する

既存クラスタがあれば、いったん削除しましょう。

```
kind delete cluster
```

マニフェスト（kind/multinode-nodeport.yaml）を利用して、次のコマンドでクラスタを構築します。

```
kind create cluster -n multinode-nodeport --config ./kind/
multinode-nodeport.yaml --image=kindest/node:v1.29.0
```

node 一覧を確認しましょう。

```
kubectl get node
```

実行結果

```
$ kubectl get node
NAME                                STATUS   ROLES           AGE     VERSION
multinode-nodeport-control-plane    Ready    control-plane   4m33s   v1.29.0
multinode-nodeport-worker           Ready    <none>          4m10s   v1.29.0
multinode-nodeport-worker2          Ready    <none>          4m9s    v1.29.0
```

想定どおり、マルチノードになっていますね。

Part
3
壊れても動く
Kubernetes

Chapter
9
Kubernetesの仕組み、アーキテクチャを理解しよう

298

9.7.2 hello-serverを起動する

hello-serverを起動しましょう。マニフェストはchapter-09/hello-server.yamlを使用します。

マニフェストをapplyしましょう。

```
kubectl apply --filename chapter-09/hello-server.yaml
--namespace default
```

実行結果

```
$ kubectl apply --filename chapter-09/hello-server.yaml --namespace default
deployment.apps/hello-server created
poddisruptionbudget.policy/hello-server-pdb created
service/hello-server-external created
```

Podが起動していることを確認しましょう。

```
kubectl get pod --namespace default
```

実行結果

```
$ kubectl get pod --namespace default
NAME                          READY   STATUS    RESTARTS   AGE
hello-server-965f5b86-bql5s   1/1     Running   0          34s
hello-server-965f5b86-pbtdc   1/1     Running   0          34s
hello-server-965f5b86-rs7q7   1/1     Running   0          34s
```

hello-serverへの疎通を確認しましょう。まずはNodeのIPを取得します。

```
kubectl get node multinode-nodeport-worker -o jsonpath='{.
status.addresses[?(@.type=="InternalIP")].address}'
```

実行結果

```
$ kubectl get node multinode-nodeport-worker -o jsonpath='{.status.
↵ addresses[?(@.type=="InternalIP")].address}'
172.18.0.3%
```

取得したInternalIPを利用してアクセスしましょう。

```
curl <NodeのIP>:30599
```

実行結果　　Docker Desktop + kind以外の場合

```
$ curl 172.18.0.2:30599
Hello, world! Let's learn Kubernetes!
```

Docker Desktop + kindを利用している方は次のコマンドでアクセスしましょう。

```
curl localhost:30599
```

実行結果

```
$ curl localhost:30599
Hello, world! Let's learn Kubernetes!
```

アプリケーションが問題なく動いているようです。

Part
3
壊れても動く
Kubernetes

Chapter
9
Kubernetesの仕組み、
アーキテクチャを理解しよう

300

9.7.3　Control Planeを停止する

では、いきなりControl Planeを停止しましょう。kindを利用している方はControl Plane
用のDockerコンテナを止めます。まずは、Control PlaneのdockerコンテナIDを確認します。

docker ps

実行結果

```
$ docker ps
CONTAINER ID    IMAGE               COMMAND             CREATED
↵ STATUS             PORTS                       NAMES
260e9d441da6    kindest/node:v1.29.0    "/usr/local/bin/entr…"    About an hour ago
↵ Up About an hour    127.0.0.1:63949->6443/tcp    multinode-nodeport-control-plane
237b7daa09cb    kindest/node:v1.29.0    "/usr/local/bin/entr…"    About an hour ago
↵ Up About an hour                               multinode-nodeport-worker2
42b1dc38ad0f    kindest/node:v1.29.0    "/usr/local/bin/entr…"    About an hour ago
↵ Up About an hour    127.0.0.1:30599->30599/tcp    multinode-nodeport-worker
```

multinode-nodeport-control-planeと書かれているコンテナのCONTAINER IDをコピー
し、コンテナを止めましょう。

docker stop <multinode-nodeport-control-planeのCONTAINER ID>

実行結果

```
$ docker stop 260e9d441da6
260e9d441da6
```

では、hello-serverはどうなったでしょうか？　接続確認しましょう。

curl <NodeのIP>:30599

```
$ curl 172.18.0.2:30599
Hello, world! Let's learn Kubernetes!
```

Docker Desktop + kindを利用している方は次のコマンドでアクセスしましょう。

```
curl localhost:30599
```

実行結果

```
$ curl localhost:30599
Hello, world! Let's learn Kubernetes!
```

問題なく動いていそうですね。では、podのSTATUSも見てみましょう。

```
kubectl get pod --namespace default
```

実行結果

```
$ kubectl get pod --namespace default
The connection to the server 127.0.0.1:57733 was refused - did you
specify the right host or port?
```

　接続できません。これはControl Planeを停止したため、kube-apiserverに接続できなくなっていることが理由です。しかし、Control Planeが停止したとしてもコンテナは起動し続けます。kube-apiserverと接続できないのでコンテナの更新やPod数の増減は行えませんが、少なくともサービスの稼働が即座に損なわれるということはありません。Kubernetesが障害に強いと言われる理由がわかったでしょうか。

　Control Planeを起動し直すことで、今までどおりkubectlが使えるようになります。

```
docker start <docker stopしたCONTAINER ID>
```

Part
3
壊れても動く
Kubernetes

Chapter
9
Kubernetesの仕組み、
アーキテクチャを理解しよう

302

```
$ docker start 260e9d441da6
260e9d441da6
```

Podを参照できることを確認しましょう。

```
kubectl get pod --namespace default
```

```
$ kubectl get pod --namespace default
NAME                            READY   STATUS    RESTARTS   AGE
hello-server-965f5b86-bql5s     1/1     Running   0          4m2s
hello-server-965f5b86-pbtdc     1/1     Running   0          4m2s
hello-server-965f5b86-rs7q7     1/1     Running   0          4m2s
```

最後にクラスタごと掃除しましょう。

```
kind delete cluster -n multinode-nodeport
```

デフォルトクラスタを立ち上げ直します。

```
kind create cluster --image=kindest/node:v1.29.0
```

Part

3

壊れても動く
Kubernetes

Chapter

9

Kubernetesの仕組み、
アーキテクチャを理解しよう

9.8 Kubernetesを拡張する方法

これまではとくに説明はしてきませんでしたが、Kubernetesの特徴の1つとして「Kubernetesユーザーが自分でKubernetesを拡張できる」ということが挙げられます。どんなに素晴らしいシステムだとしても、すべてのユーザーのニーズを満たすことは難しいです。その分、拡張性をもったシステムであれば、自分たちの要件・用途に合わせて改善を繰り返すことができ、多くのユーザーにとって便利なものとなります。

ここではどのような仕組みで拡張が可能か、ということを紹介します。実際に拡張するにはより高度な知識が必要になってくるため、本書ではハンズオンは省略します。Chapter 12に実際に拡張したい方向けの参考書籍やサイトを紹介していますので、興味をもった方は参考にしてください。

これまでPodやDeploymentなどの"リソース"を作成してきましたが、Kubernetesが標準で用意しているリソースでは物足りないことがあります。例えば、Chapter 10で説明するArgo CDというOSSは「リポジトリ名、パス名を指定すると指定場所に書かれているマニフェストを参照して自動でデプロイを行う」ということが可能になります。

しかし、既存のリソースを使ってもこの機能を実現することはできません。「リポジトリ名」「パス名」を指定するリソースと、このリソースの内容をもとに「自動デプロイを行う」プログラムが必要になってきます。ここでいう独自リソースが「**Custom Resource（CR）**」となり、CRを作るために必要な定義が「**Custom Resource Definition（CRD）**」です。

また、CRを参照して動くプログラムを「カスタムコントローラ（**コントローラ**）」と言います。ここでいうコントローラというのはkube-controller-managerで説明したコントローラと同じ概念です。Kubernetes標準で搭載されているDeployment Controllerはkube-controller-managerに内包されていますが、各自がKubernetesを「カスタム」するために使うコントローラがカスタムコントローラです。

Part
3
壊れても動く
Kubernetes

Chapter
9
Kubernetesの仕組み、
アーキテクチャを理解しよう

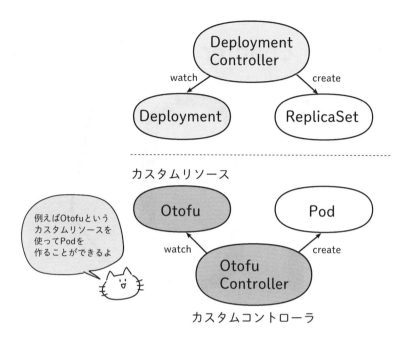

カスタムリソース

カスタムコントローラ

ConfigMapに必要な情報を書いておき、その情報を読むようなプログラムを書けば良いのではと思われるかもしれません。Kubernetes公式ドキュメントには、「Should I use a ConfigMap or a custom resource?[1]」という項目で判断基準となる例をあげています。公式ドキュメントでは次のうち1つでも当てはまるものがあればConfigMapを使うと良いと書かれています。

- 既存の、よく文書化された設定ファイル形式がある。例えば、mysql.cnf や pom.xml
- 設定全体を ConfigMap の1つのキーに入れたい
- Pod で動作するプログラムが、自身を設定するためにそのファイルを利用する
- Kubernetes API ではなく、Pod のファイルや Pod の環境変数を通じて利用したい
- ファイルが更新されたとき、Deployment などを使ってローリングアップデートを実施したい

例えば、`kubectl get <CR名>`で情報を取得したり、宣言的なマニフェストを利用してReconcile処理を走らせたりしたいときなど、Kubernetesの流儀に沿ってKubernetesを拡張したいケースにおいてCRを利用すると相性が良いでしょう。Argo CDはまさにKubernetes上で動くKubernetes用のデプロイツールなので、相性が良いケースです。Chapter10でArgo CDのハンズオンをやった後にまたこの説明に戻ってくると、さらに理解が深まるでしょう。

※1 Should I use a ConfigMap or a custom resource? https://kubernetes.io/docs/concepts/extend-kubernetes/api-extension/custom-resources/#should-i-use-a-configmap-or-a-custom-resource

Chapter

10

Kubernetesの
開発ワークフローを理解しよう

ここからはKubernetes自身から少し話を広げて、Kubernetesを使って開発
するときのワークフローに関して説明していきます。

10.1 Kubernetes にデプロイする

これまでのハンズオンでKubernetesにデプロイをするために`kubectl apply --file name`を実施してきましたが、継続的にデプロイするためには次の課題があります。

- **いつ誰がコマンドを実施したかわからない**
- **コマンドの実施により、マニフェストの衝突が起きてしまう**
- **毎回手動で実施するのでは、手間がかかる。さらにヒューマンエラーも起きやすい**

この課題を解決するためのデプロイ手法として、Kubernetesを利用するケースでは大きく分けてCIOpsとGitOpsがあります。いずれの場合でもGitHubなど共有リポジトリを利用することでマニフェストの衝突・差分の管理を行っています（GitOpsのGitはgitの使用有無ではありません）。

10.1.1 Push型のデプロイ方法：CIOps

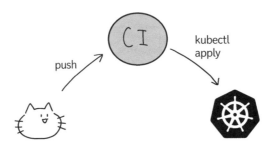

`kubectl apply --filename <ファイル名>`を自動化しようとしたときに、例えば「masterブランチにfeatureブランチがマージされたら本番環境にkubectl applyを実行する」ようなケースが最初に思いつくでしょう。この自動化はCIツールで実行すると思いますが、これをCIOpsと呼びます。

Part

3

壊れても動く
Kubernetes

Chapter

10

Kubernetesの
開発ワークフローを理解しよう

CIOpsはわかりやすく、かつ実現しやすい手法です。デメリットとしてCI/CD用のツールに強い権限が必要であることや、デプロイ用のスクリプトが長く複雑になりがちということが挙げられます。詳細に関しては次のGitOpsで説明します。

10.1.2 Pull型のデプロイ方法：GitOps

GitOpsをはじめて聞いた、という方も多いでしょう。GitOpsはWeaveworks社が2017年に生み出した言葉です。Gitを使っていればGitOpsなのでは、と誤解されることも多いですが、Gitは直接関係ありません。具体的には次の4つの定義に基づいています。

1. **宣言的**：システム全体は宣言的に記述される必要があります
2. **バージョン管理と不変**：正規の望ましいシステムの状態はバージョン管理されています
3. **自動的に取得**：承認された変更はシステムに自動的に適用されます
4. **継続的な調整**：ソフトウェアエージェントが正確さを保証し、乖離があった場合にアラートを出します

ここではKubernetesのワークフローを実装するにあたって大事なポイントをかいつまんで説明します。

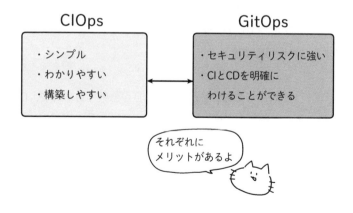

Part
3
壊れても動く
Kubernetes

Chapter
10
Kubernetesの
開発ワークフローを理解しよう

309

多くの開発者はCIOpsから入ると思いますが、わざわざ難しそうなGitOpsを選択する理由はなんでしょうか。4つの定義のうち「3. 自動的に取得（原文：Pulled automatically）」がCIOpsとGitOpsの大きな違いの1つです。よく「Push型」「Pull型」と言われますが、CIOpsがPush型で、GitOpsがPull型です。その名の通りPush操作が行われたタイミングで動作するのがPush型、一定間隔で対象をPullし、動作する必要がある内容をPullしたタイミングで動作するのがPull型です。Pull型であることで、次のようなメリットを得られます。

メリット1：セキュリティリスクを低減できる

CIOpsはPush型だと説明しましたが、Kubernetesクラスタにマニフェストを適用するという性質上、書き込み権限が必要になります。このため、書き込み権限を持つ認証情報が盗まれたり、CIが乗っ取られたりする場合は読み書きが可能になってしまうということになります。GitOpsはPull型である性質上、読み取り権限さえあれば実現可能です。認証情報が盗まれたとしても、書き込み権限がない分CIOpsよりは被害が抑えられるでしょう。

メリット2：CIとCDが分離できる

CIOpsではCIもCDもCIツールを用いるため、実行タイミング・実行スクリプトなどが一緒になってしまうこともあるでしょう。サービスやデプロイの単位・範囲が小さいときはとくに問題に感じないかもしれませんが、規模が大きくなってくると「CIが重くてデプロイが遅い」「CI＆CDスクリプトが長大になり、メンテナンスができない」という状態になってしまうことがあります。GitOpsでは専用のデプロイツールを利用し、さらにデプロイの情報を宣言的に管理することでCIと分離することが可能です。

また、これはメリット1にも通じる話ですが、CIとCDが分離できるので、CI用の権限を持つ人（ツール）とCD用の権限を持つ人（ツール）を分けて管理できるようになります。

Part
3
壊れても動く
Kubernetes

Chapter
10
Kubernetesの
開発ワークフローを理解しよう

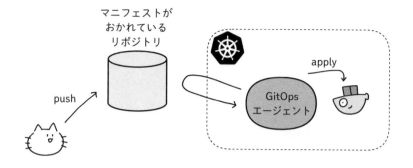

マニフェストが
おかれている
リポジトリ

push

apply

GitOps
エージェント

これらのメリットはどんな環境でも享受できるわけではありません。とくに小さい規模でKubernetesを利用している場合、メリットよりもデメリットが大きくなることでしょう。とはいえ、いつか規模が大きくなることを見越してGitOpsについて知っておくと良いでしょう。

GitOpsは概念ですが、ではどのようにしてワークフローに組み込むのでしょうか？　GitOpsを実現するためのソフトウェアがいくつかOSSとして公開されています。代表的なものを見てみましょう。

Argo CD

https://argoproj.github.io/cd/

Argo CDはGitOps用のOSSです。元々はIntuit社（正確にはIntuit社が買収したApplatix社）が自社で開発していたソフトウェアです。

Argo CDではApplicationという名前のCustom Resource[1]を利用し、「どのリポジトリの」「どのマニフェストの」「どのバージョン（例：ブランチ）の」マニフェストを「どの環境に」適用するかを指定します。Argo CD自身もKubernetes上に構築します。

※1　Chapter 9の［9.8　Kubernetesを拡張する方法］をご参照ください。

Part
3
壊れても動く
Kubernetes

Chapter
10
Kubernetesの
開発ワークフローを理解しよう

Spinnaker

https://spinnaker.io/

　元々はNetflix社が開発していたツールです。Argo CDが「Kubernetes向け」とうたっているのに対し、SpinnakerはKubernetes以外にも、主要なクラウドプロバイダに対応していることを売りにしています。そのため、Argo CDはKubernetesクラスタへのデプロイのみを扱いますが、SpinnakerではDocker ImageのビルドなどCIパイプラインの構築もできます。

FluxCD

https://fluxcd.io/

　こちらもKubernetes向けのツールとなっています。GitOpsを提唱したWeaveworks社が元々開発をしていました。現在、Flux v2を開発しているようです。Argo CDとかなり近いですが、Flux v2になってマルチテナンシー[2]が違いの1つです。

※2　1クラスタに複数のユーザーグループが存在できることを指す。例えばFluxのAdmin権限を持ったユーザーグループとは別に、複数の開発者グループがそれぞれの権限を持つことができる。

Part
3
壊れても動く
Kubernetes

Chapter
10
Kubernetesの
開発ワークフローを理解しよう

10.2 Kubernetesのマニフェスト管理

　これまでのハンズオンでさまざまなマニフェストを扱ってきました。たくさんあるマニフェストの管理が大変そうだな、と思われたのではないでしょうか。例えば、Staging環境とProduction環境でSecretの値だけが異なるような場合、ほぼ似たマニフェストを書くことになるでしょう。最初はコピーアンドペーストで良いとしても、共通部分を修正したい場合にミスが起きる可能性が出てきます。1つのアプリケーションを開発するだけなら良いかもしれませんが、これが数十、数百のアプリケーションで発生するとしたらどうでしょう。

　このようにアプリケーションの運用を続けていくと、マニフェストの管理・運用にコストがかかるようになってきます。マニフェストをよりわかりやすく管理するために、いろいろな方法・ツールがあるので、ここでいくつか紹介します。お使いの環境や用途で使い分けてください。

10.2.1 Helm

　Helm[3]自体はパッケージマネージャとなっており、マニフェストを作成する以上のことが可能です。Chartというテンプレートを元に、helm installをすることでKubernetesクラスタにマニフェストをデプロイする仕組みになっています。後述のKustomizeに比べて「テンプレート」と言われたときに想像する形式と近い（例：jinja2など）ため、シンプルでわかりやすいです。一方でテンプレートに書かれていること以上のことをやりたくなった場合、別の方法を検討する必要が出てきます。

　Helmはほかの開発者が開発したカスタムコントローラ用のマニフェストを利用したいケースでとくに有効です。では、簡単にHelmを使ってみましょう。Chapter 11で出てくるオブザーバビリティに関連するGrafanaというダッシュボードを表示するOSSをインストールします。

※3　https://helm.sh/

Helmをインストールする

公式ドキュメントを参考にHelmをインストールしましょう。

https://helm.sh/docs/intro/install/

Helm Chart Repositoryを追加する

Helm Chartをインストールする前にHelm Chart Repositoryを追加する必要があります。次のコマンドでPrometheus用のリポジトリを追加しましょう。

```
helm repo add prometheus-community https://prometheus-community.github.io/helm-charts
helm repo update
```

実行結果

```
$ helm repo add prometheus-community https://prometheus-community.
↵ github.io/helm-charts
$ helm repo update
"prometheus-community" has been added to your repositories
Hang tight while we grab the latest from your chart repositories...
...Successfully got an update from the "prometheus-community" chart
↵ repository
Update Complete. ❋Happy Helming!❋
```

インストール先のnamespaceを作成する

namespaceを作成しておきましょう。

```
kubectl create namespace monitoring
```

Part
3
壊れても動く
Kubernetes

Chapter
10
Kubernetesの
開発ワークフローを理解しよう

314

```
$ kubectl create namespace monitoring
namespace/monitoring created
```

helm installを実行する

次のコマンドでインストールが可能です。`--namespace`はオプションです。

```
helm install <任意のリソース名> --namespace monitoring <Chart名>
```

実行結果

```
$ helm install kube-prometheus-stack --namespace monitoring prometheus-
↵ community/kube-prometheus-stack
NAME: kube-prometheus-stack
LAST DEPLOYED: Mon Aug 28 18:46:10 2023
NAMESPACE: monitoring
STATUS: deployed
REVISION: 1
NOTES:
kube-prometheus-stack has been installed. Check its status by running:
  kubectl --namespace monitoring get pods --selector "release=kube-
↵ prometheus-stack"

Visit https://github.com/prometheus-operator/kube-prometheus for
↵ instructions on how to create & configure Alertmanager and Prometheus
↵ instances using the Operator.
```

しばらくすると、いくつもPodが立ち上がっていることが確認できます。少し時間がかかるかもしれませんので、気長に待ちましょう。

```
kubectl get pod --namespace monitoring
```

Part
3
壊れても動く
Kubernetes

Chapter
10
Kubernetesの
開発ワークフローを理解しよう

```
$ kubectl get pod --namespace monitoring
NAME                                                    READY   STATUS    RESTARTS   AGE
alertmanager-kube-prometheus-stack-alertmanager-0       2/2     Running   0          89s
kube-prometheus-stack-grafana-5cbd9bbdff-sn65v          3/3     Running   0          90s
kube-prometheus-stack-kube-state-metrics-68d977bb59-hwtvn 1/1   Running   0          90s
kube-prometheus-stack-operator-594c9fd65-wvvxr          1/1     Running   0          90s
kube-prometheus-stack-prometheus-node-exporter-2j8h5    1/1     Running   0          90s
prometheus-kube-prometheus-stack-prometheus-0           2/2     Running   0          89s
```

せっかくなのでダッシュボードのログイン画面を表示してみましょう。自動生成された
Serviceを使ってport-forwardを行います。

```
kubectl port-forward service/kube-prometheus-stack-grafana
--namespace monitoring 8080:80
```

実行結果

```
$ kubectl port-forward service/kube-prometheus-stack-grafana --namespace
↵ monitoring 8080:80
Forwarding from 127.0.0.1:8080 -> 3000
Forwarding from [::1]:8080 -> 3000
```

ブラウザでhttp://localhost:8080を実行するとGrafanaのログイン画面が表示されます🎉。
username：admin, password: prom-operatorを入力するとログインすることもできます。

Part

3

壊れても動く
Kubernetes

Chapter

10

Kubernetesの
開発ワークフローを理解しよう

316

このままだとHelmの便利さが今ひとつわからないと思うので、もう少し詳しく説明します。Helm Chartはテンプレートだという話をしましたが、次のコマンドを打つとどのような値を設定してカスタマイズ可能かがわかります。

```
helm show values prometheus-community/kube-prometheus-stack
```

実行結果

```
$ helm show values prometheus-community/kube-prometheus-stack
# Default values for kube-prometheus-stack.
# This is a YAML-formatted file.
# Declare variables to be passed into your templates.

## Provide a name in place of kube-prometheus-stack for 'app:' labels
##
nameOverride: ""

## Override the deployment namespace
##
namespaceOverride: ""
～～～以下略～～～
```

ここで得られた値がデフォルトの設定になっています。このデフォルト設定を変更するためには変更する設定値を書いたvalues.yamlをローカルに保存し、helm installの引数として設定します。こうすることで独自カスタマイズされた状態でCustom Controllerを環境にデプロイできます。

例えば、デフォルトのadminパスワードはprom-operatorですが、セキュリティを考慮して変更したい場合、次のようにvalues.yamlを記載することで変更可能です。

values.yaml

```
grafana:
  adminPassword: secure-password
```

Part
3
壊れても動く
Kubernetes

Chapter
10
Kubernetesの
開発ワークフローを理解しよう

また、デフォルト値が書かれたvalues.yamlはGitHubのリポジトリ上で参照可能になっていることが多いです[4]。helm show valuesを実行しなくても参照できるのは便利ですね。

　ここまではhelmコマンドを利用してインストールする方法を紹介してきましたが、`helm install`コマンドを直接実行する方法はGitOpsと相性が悪いです。そのため、このChapterで紹介したArgo CDなど各GitOpsエージェントの仕様に従ってHelmインストールを行ったり、CIを利用して生成したマニフェストをGitOpsで管理したりするといった方法があります。

　後者はhelm templateというローカルでテンプレートをレンダリングする、という方法が利用可能です。

10.2.2　Jsonnet

　後述のKustomizeよりもHelmよりもかなり柔軟性が高いツールとなっています。こちらはYAMLではなくJSONを扱うツールなのでYAMLを出力したい場合はyqを使う必要があります。また、Jsonnet[5]自体はKubernetesに特化したツールなわけではありません。JSONをプログラマブルに扱うことができるため、柔軟性が高くなんでもできてしまいます。柔軟性は高いですが、複雑なことを行おうとするとその分学習コストが必要になります。また、独自記法に慣れる必要があります。

10.2.3　自作テンプレート

　どのツールでもうまく当てはまらない場合、テンプレートを自作する方法もあります。各言語にテンプレートライブラリが存在するので、自分の得意な言語でテンプレートを作ってみても良いでしょう。

※4　例）Prometheus Operatorのvalues.yaml: https://github.com/prometheus-community/
helm-charts/blob/main/charts/kube-prometheus-stack/values.yaml
※5　https://jsonnet.org/

Part
3
壊れても動く
Kubernetes

Chapter
10
Kubernetesの
開発ワークフローを理解しよう

10.2.4 Kustomize

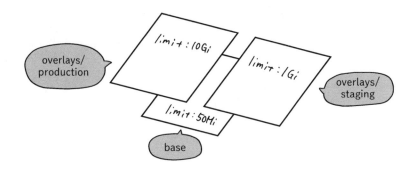

　環境ごとにマニフェストが少しだけ異なる場合、なるべく修正を少なくするために差分だけ管理したいこともあるでしょう。このようなケースで利用できるのが Kustomize[6] です。具体的には、マニフェストの共通部分は base というディレクトリで管理し、環境ごとの差分を overlays というディレクトリ内のマニフェストで管理する、という使い方が可能です。

　この Chapter の冒頭で説明した Argo CD などの GitOps エージェントでは Kustomize をサポートしているため、CIOps でも GitOps でも採用できます。

　最終成果物は kustomize というツールを利用してビルドします。実は kubectl も kustomize に対応しているのですが、kubectl のバージョンごとに kustomize のバージョンが変わるので注意してください。kustomize は非常に便利なので、この後のハンズオンで詳しく触っていただきます。

※6　https://github.com/kubernetes-sigs/kustomize

Part

3

壊れても動く
Kubernetes

Chapter

10

Kubernetes の
開発ワークフローを理解しよう

10.2.5 つくる Kustomizeでマニフェストをわかりやすくしよう

現場でもよく使われる
Kustomizeハンズオン！！

今回ハンマーの
出番は
ありません

Kustomizeは
慣れが必要なので
このハンズオンで
触ってみよう！

各環境で利用するマニフェストが微妙に違う...
という要件にあわせて
Kustomize流でマニフェストを書き換えていくよ

・production環境とstaging環境にデプロイしたい
・productionのreplicasは10にしたい
・productionのrequests.memoryと
requests.limitは1Giにしたい
・stagingではPodDisruptionBudgetは必要ない

確かに大部分はコピペ
でいいけれど、
一部だけ変える必要ありそう

共通化したいところを共通化できると
変更も一気に反映できて嬉しいしね

ひとふり

便利さを実感しつつ
Kustomizeに
慣れていこう

Part
3
壊れても動く
Kubernetes

Chapter
10
Kubernetesの
開発ワークフローを理解しよう

Kustomizeは導入されている現場が多い一方、少し癖があります。ここではKustomizeを触りながら理解を深めましょう。

前提知識

まずはKustomizeについてもう少し詳しく説明していきます。baseディレクトリとoverlaysディレクトリがある、という説明をしましたが、ビルドするときにkustomization.yamlというファイルが参照されます。

このkustomization.yamlに、具体的にどのディレクトリ（ファイル）をbaseとして定義し、どのディレクトリ（ファイル）をoverlaysとして定義するのかを記載します。簡単なディレクトリ構成例は次のとおりです。

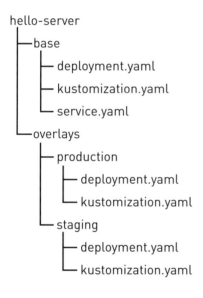

```
hello-server
├─base
│  ├─ deployment.yaml
│  ├─ kustomization.yaml
│  └─ service.yaml
└─overlays
   ├─ production
   │  ├─ deployment.yaml
   │  └─ kustomization.yaml
   └─ staging
      ├─ deployment.yaml
      └─ kustomization.yaml
```

この例ではbaseにはstagingとproduction共通のマニフェストが書かれており、overlaysの各staging/productionディレクトリ内で各環境固有の設定が書かれています。ではこの知識を頭に入れながら、具体的にkustomization.yamlを書きながらマニフェストを作っていきましょう。

Part
3
壊れても動く
Kubernetes

Chapter
10
Kubernetesの
開発ワークフローを理解しよう

準備

作成したマニフェストを実際に環境に適用できることを試したいので、Kubernetesクラスタを準備します。今回はクラスタ構成の制約はありません。

また、kustomizeコマンドを利用するため、インストールしましょう。インストール方法は公式ドキュメント（https://kubectl.docs.kubernetes.io/installation/kustomize/）を参考にしてください。なお、本書で動作確認しているバージョンは5.3.0です。

要件

このハンズオンではchapter-10/hello-server.yamlを利用します。このマニフェストの中身は次のとおりです。

YAML chapter-10/hello-server.yaml

```yaml
apiVersion: apps/v1
kind: Deployment
metadata:
  name: hello-server
  labels:
    app: hello-server
spec:
  replicas: 3
  selector:
    matchLabels:
      app: hello-server
  template:
    metadata:
      labels:
        app: hello-server
    spec:
      containers:
      - name: hello-server
        image: blux2/hello-server:1.8
        resources:
```

Part
3
壊れても動く
Kubernetes

Chapter
10
Kubernetesの
開発ワークフローを理解しよう

```
        requests:
          memory: "256Mi"
          cpu: "10m"
        limits:
          memory: "256Mi"
~~~省略~~~
---
apiVersion: policy/v1
kind: PodDisruptionBudget
~~~以下略~~~
```

次の要件を満たすように各ディレクトリ内のマニフェストを書いていきましょう。

- production環境とstaging環境にデプロイしたい
- productionのreplicasは10にしたい
- productionのrequests.memoryとrequests.limitは1Giにしたい
- stagingではPodDisruptionBudgetは必要ない

マニフェストを分割する

　kubectl apply --filename の作業を簡単にするために1つのマニフェストにまとめていましたが、kustomizeを利用すると`kustomize build <ディレクトリ名>`ですべてのマニフェストをまとめて1つに出力してくれます。また、overlaysとbaseに分けるとき、リソースごとに別れている方が扱いやすいです。このため、1つのファイルにまとまっているマニフェストchapter-10/hello-server.yamlを分割しましょう。

　分割はリソースごとに行い、deployment.yamlとpdb.yamlというファイル名で保存しましょう。chapter-10/hello-server.yamlの --- で分割します。

分割前

```
chapter-10
  └── hello-server.yaml
```

Part
3
壊れても動く
Kubernetes

Chapter
10
Kubernetesの
開発ワークフローを理解しよう

分割後

```
chapter-10
├── deployment.yaml
└── pdb.yaml
```

ファイルをbaseディレクトリに置く

baseには共通するマニフェストを置きます。今回は、PodDisruptionBudgetはproductionのみ、Deploymentはstaging/production共通で利用します。次の構成になるようにbase, overlays, production, stagingディレクトリを作成し、それぞれのファイルを置きましょう。ルートディレクトリはサービス名であるhello-serverにしていますが、任意の名前で問題ありません。

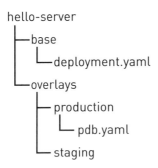

```
hello-server
├── base
│   └── deployment.yaml
└── overlays
    ├── production
    │   └── pdb.yaml
    └── staging
```

差分があるマニフェストをoverlaysに置く

productionの差分をdeployment.yamlに書きます。ポイントとして、共通部分はbaseの内容が利用されるため、差分のある部分のみを記載すれば良いです。

Part
3
壊れても動く
Kubernetes

Chapter
10
Kubernetesの
開発ワークフローを理解しよう

324

```
YAML   chapter-10/kustomize/hello-server/overlays/production/deployment.yaml

apiVersion: apps/v1
kind: Deployment
metadata:
  name: hello-server
spec:
  replicas: 10
  template:
    spec:
      containers:
      - name: hello-server
        resources:
          requests:
            memory: "1Gi" # productionのrequests.memoryは1Gi
          limits:
            memory: "1Gi" # productionのlimits.memoryは1Gi
```

　このマニフェストをoverlays/productionに置きます。ディレクトリ構成はこのようになります。

```
hello-server
├─base
│  └─deployment.yaml
└─overlays
    ├─production
    │  ├─deployment.yaml
    │  └─pdb.yaml
    └─staging
```

Part
3
壊れても動く
Kubernetes

Chapter
10
Kubernetesの
開発ワークフローを理解しよう

325

kustomization.yamlを置く

仕上げにkustomization.yamlを書いていきましょう。このファイルがないと何もビルドされません。試しにkustomize buildを実行すると、エラーが出ます。

```
cd hello-server/overlays/production
kustomize build
```

実行結果

```
$ cd hello-server/overlays/production
$ kustomize build
Error: unable to find one of 'kustomization.yaml', 'kustomization.yml' or
↵ 'Kustomization' in directory '/Users/aoi/workspaces/github.com/bbf-
↵ kubernetes/chapter-10/kustomize/hello-server/overlays/production'
```

kustomization.yamlでよく使う表現として、resourceとpatchesがあります。これ以外にもさまざまな設定できますが、まずはこの2つを覚えましょう。

- **resources**：ベースとなるディレクトリやファイルを書きます。baseディレクトリや、そのディレクトリ固有のファイルを書きます
- **patches**：overlaysでbaseの設定を上書きするときに使用します。上書きで使用するファイル名を指定します

それぞれのディレクトリで作成するkustomization.yamlを記載します。resourcesでディレクトリを参照するときには参照先のディレクトリにkustomization.yamlが必要なため、baseディレクトリにもkustomization.yamlを作成します。次のマニフェストをhello-server/base/kustomization.yamlとして保存しましょう。

YAML chapter-10/kustomize/hello-server/base/kustomization.yaml

```yaml
apiVersion: kustomize.config.k8s.io/v1beta1
kind: Kustomization
resources:
  - deployment.yaml
```

Part
3
壊れても動く
Kubernetes

Chapter
10
Kubernetesの
開発ワークフローを理解しよう

326

次のマニフェストはhello-server/overlays/production/kustomization.yamlとして保存します。

```
YAML    chapter-10/kustomize/hello-server/overlays/production/kustomization.yaml

apiVersion: kustomize.config.k8s.io/v1beta1
kind: Kustomization
resources:
  - ../../base
  - pdb.yaml
patches:
  - path: deployment.yaml
```

最後に次のマニフェストをhello-server/overlays/staging/kustomization.yamlとして保存します。

```
YAML    chapter-10/kustomize/hello-server/overlays/staging/kustomization.yaml

apiVersion: kustomize.config.k8s.io/v1beta1
kind: Kustomization
resources:
  - ../../base
```

kustomize build でファイルをビルドし、クラスタに apply する

最後にクラスタにマニフェストをapplyしましょう。

先ほどhello-server/overlays/productionにディレクトリ変更したため、hello-serverがカレントディレクトリになるようにします。

```
cd ../../
```

まずはローカルでkustomize buildを実行し、ビルド結果を確認します。hello-serverディレクトリに移動します。

```
kustomize build ./overlays/staging
kustomize build ./overlays/production
```

Part
3
壊れても動く
Kubernetes

Chapter
10
Kubernetesの
開発ワークフローを理解しよう

```
$ kustomize build ./overlays/staging
apiVersion: apps/v1
kind: Deployment
metadata:
  labels:
    app: hello-server
  name: hello-server
spec:
  replicas: 3
  selector:
    matchLabels:
      app: hello-server
～～～以下略～～～
```

```
$ kustomize build ./overlays/production
apiVersion: apps/v1
kind: Deployment
metadata:
  labels:
    app: hello-server
  name: hello-server
spec:
  replicas: 10
  selector:
    matchLabels:
      app: hello-server
～～～省略～～～
---
apiVersion: policy/v1
kind: PodDisruptionBudget
metadata:
  name: hello-server-pdb
spec:
  maxUnavailable: 10%
  selector:
    matchLabels:
      app: hello-server
```

Part
3
壊れても動く
Kubernetes

Chapter
10
Kubernetesの
開発ワークフローを理解しよう

328

stagingとproductionでそれぞれ別のマニフェストが出力されました。今回はstaging用の
マニフェストをKubernetes環境にapplyします。

```
kustomize build ./overlays/staging | kubectl --namespace
default apply -f -
```

実行結果
```
$ kustomize build ./overlays/staging | kubectl --namespace default apply -f -
deployment.apps/hello-server created
```

Podが作成できていることを確認しましょう。

```
kubectl get pod --namespace default
```

実行結果
```
$ kubectl get pod --namespace default
NAME                            READY   STATUS    RESTARTS   AGE
hello-server-5cc9574fd6-7qbxc   1/1     Running   0          36s
hello-server-5cc9574fd6-rnh6r   1/1     Running   0          36s
hello-server-5cc9574fd6-xt4r2   1/1     Running   0          36s
```

うまくPodが作成できました。最後に掃除をしましょう。今回は今までと違ってkustomize
buildしたマニフェストをapplyしているので、deleteも同様にkustomize buildしましょう。

```
kustomize build ./overlays/staging | kubectl --namespace
default delete -f -
```

Chapter 10では開発フローに関する細かなテクニックをご紹介しました。これらのテクニッ
クにはそれぞれ学習コストが必要になるため、個人の趣味や小さい組織では必ずしも必要になる
わけではありません。それでも頻繁に変更を適用するようになったり、組織の規模が大きくなっ
たりするようであれば必ず助けとなるでしょう。今は体感として有用だと感じなかったとしても、
また別の機会にこのChapterを開いてみてください。

Part
3
壊れても動く
Kubernetes

Chapter
10
Kubernetesの
開発ワークフローを理解しよう

Chapter

11

オブザーバビリティと
モニタリングに触れてみよう

これまでkubectlを駆使してトラブルシューティングを頑張ってきましたが、実際の現場ではkubectlを使うだけでは解決しないトラブルも多くあります。ここではトラブル解決に向けてより多くの情報を得るための「オブザーバビリティ」、そしてトラブルを検知するための「モニタリング」について説明します。

本番稼働しはじめたら
サービスが使えないとか
遅いとかお客様から
連絡があ〜〜〜

心が
まっくらよ〜

たすけて〜〜〜

イェ〜〜い！！！

モニタリングの説明を
するときがきたね！！

夜空をかける
キラ星
おとうふ
です！

モニタリング...

モニタリングとは
「あるシステムやそのシステムの
コンポーネントの振る舞いや
出力を観察し続ける
行為である※」

日本語では
監視とも
いうよ

アクセスログ、
アプリケーションの起動ログ、
全部観察対象だよ

監視して、そして異常を
検知したらアラートを通知する！

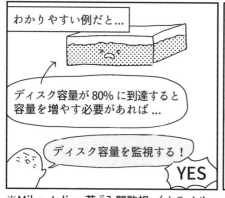

わかりやすい例だと...

ディスク容量が 80% に到達すると
容量を増やす必要があれば ...

ディスク容量を監視する！

YES

モニタリングを導入するために
モニタリングシステムを導入しよう

そして
アラートで
異常に気付ける
ようにしよう！

※Mike Julian 著『入門監視』（オライリー・ジャパン）という書籍内の定義です

Part
3
壊れても動く
Kubernetes

Chapter
11
オブザーバビリティと
モニタリングに触れてみよう

よっしゃ！！
モニタリングを導入すれば
問い合わせが来る前に
異常に気付けるし
問い合わせも減りそう！！

やったー

そうも...
いかないのじゃ

監視は例で挙げたみたいに
監視対象があって、
異常状態を定義できることが
前提なんだよね

ディスク容量が
100%になると
異常だと
知っているから
監視できる

しかし、
コンテナが沢山ある環境では
どこに異常が起きているのか
ユーザにとって影響が出るのかが
わかりづらい...

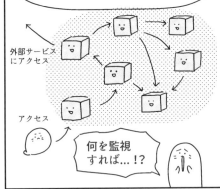

外部サービス
にアクセス

アクセス

何を監視
すれば...!?

そこで最近話題の**オブザーバビリティ**

日本語では可観測性といって、
「外部からシステムがどれくらい
観測可能か」という指標が
知られるようになったよ

ピポー

観測可能...？

問題があったときデバッグ用の
プログラムを仕込まなくても
観測した情報から原因を
特定できる！！

かしんのアシアト...

これは観測可能
であるといえる！

...と言われても一体何から
手をつければ良いのか...

じゃあオブザーバビリティを
はじめるために何から
取り掛かったらいいか
説明するね

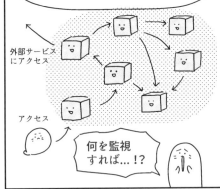

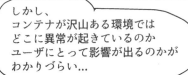

Part

3

壊れても動く
Kubernetes

Chapter

11

オブザーバビリティと
モニタリングに触れてみよう

11.1 オブザーバビリティについて知ろう

システムが「観測可能である」状態にするためにはどうすれば良いでしょうか。CNCFのホワイトペーパー[1]を参考にしてみましょう。

ホワイトペーパーではシステムの出力をシグナルと呼び、好みのシグナルを1つ使うところから始めると良い、と書かれています。シグナルは3つのプライマリシグナルと2つの新規シグナルが紹介されており、プライマリシグナルから使うと良いとも書かれています。5つのシグナルを具体的に紹介します。

3つのプライマリシグナル

- Logs
- Metrics
- Traces

2つの新規シグナル

- Profiles
- Dumps

このChapterでは3つのプライマリシグナルそれぞれの意味と、導入するための代表的なOSSを紹介していきます。

Part
3
壊れても動く
Kubernetes

Chapter
11
オブザーバビリティと
モニタリングに触れてみよう

※1　https://github.com/cncf/tag-observability/blob/main/whitepaper.md

11.1.1　情報を収集する：Logs

多くの方にとって最もなじみがあるのがログではないでしょうか。ログを見ることで「いつ、何が起こったか」を探す手がかりを得られます。

Kubernetesではデフォルトでログを収集する仕組みがあります。コンテナの標準出力/エラー（stdout/stderr）の内容をコンテナのログとして収集します。これまで`kubectl logs`を使ってきたと思いますが、これはKubernetesのデフォルトにあるログ収集の仕組みを使っています。

しかし、このデフォルトの仕組みを利用したログはPodがNodeから削除されると消えてしまいます。そのため、本番運用を行うにあたってログを永続化する仕組みを入れる必要があります。KubernetesのPersistent Volumesを利用して保存しておいても良いですが、外部に転送して保存しておくこともできます。

クラウドベンダーのKubernetes環境を利用する場合、クラウドベンダーのログ保存・検索サービスを利用することでKubernetes以外の環境（例：AWS Lambdaのようなサーバレスサービス）のログも共通で見ることができるので、活用したいケースも多いでしょう。

ログを外部に転送するためによく利用されるOSSとして、Fluentd（https://github.com/fluent/fluentd）やFluentbit（https://fluentbit.io/）が挙げられます。また、ログを収集・検索可能にするOSSとしてGrafana Loki（https://grafana.com/oss/loki/）が挙げられます。

11.1.2　測定値を処理する：Metrics

メトリクスは測定値の集合です。測定値を利用した統計的な処理をしたり、傾向を見たい場合に活用できたりします。ログは多くの情報を取得できますが、その分データ容量が必要になります。また、「1日に何件アクセスがあったか」を調べるためにログファイルを開いて件数を数えるのはあまり現実的ではないですよね。そこで必要になるのがメトリクスです。

Part

3

壊れても動く
Kubernetes

Chapter

11

オブザーバビリティと
モニタリングに触れてみよう

334

メトリクスもログ同様にクラウドベンダー標準機能を利用することもできますが、さらなる高機能を求めて外部クラウドサービス（例：Datadog）を利用するケースも多くみられます。Kubernetesは標準でメトリクスを収集する機能はありません[2]。そのため、メトリクスを収集するためには外部サービスを利用する必要があります。

メトリクスを収集するためによく利用されるOSSにPrometheus（https://prometheus.io/）が挙げられます。独自のPromQLというクエリ言語を利用して収集したメトリクスを参照することが可能です。

11.1.3　通信を追跡する：Traces

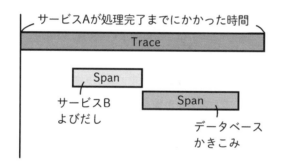

ログ、メトリクスに比べて聞きなじみがないという方もいるかもしれません。Traces（分散トレーシング）はユーザーないしアプリケーションの通信を追跡するための概念です。また、Tracesは複数のSpan（操作の集合）から成ります。コンテナを複数稼働させている状況で環境障害が発生したとき、ユーザーからのリクエストがどのコンテナを経由したかを正確にたどる必要が出てきたときに利用できます。

また、Tracesを導入することで「どのリクエストにどれくらい時間がかかったか」を細かく可視化できるので、パフォーマンス改善・チューニングにも利用できます。

しかし、これまでのログやメトリクスと異なり、どこかのコンポーネント/インフラだけがトレーシングを実現しているのでは意味がありません。正確にアクセスを追跡するためには、リク

※2　Kubernetes公式のコンポーネントとしてmetrics-serverが存在しますが、これはHorizontal Pod AutoscalerなどメトリクスベースでPodの増減をする機能のために導入します。公式ドキュメントにも「正確な使用量のメトリクスの把握には使わないこと」と書かれており、一般的にいうメトリクス収集とは別物と考えてください。

335

エストが通る経路上のすべてでTraces/Spanが導入できている必要があります。そのため、ロ
グやメトリクスに比べて導入のハードルは高いかもしれません。

　Tracesを導入するためにはアプリケーションの実装に手を入れる必要があります。どこから
どこまでのリクエストをTracesとして扱い、Spanとして扱うか。これらを考えたうえで
Traces/Spanを表現する実装を入れる必要があります。

　Tracesを導入するためにアプリケーションで実装を追加する必要がありますが、実装を簡易
化するためのOSSライブラリがあります。OpenTelemetry（https://opentelemetry.io/）と
いい、Traces以外にもメトリクスやログなどのデータの標準仕様を定めたり、ツールを提供し
ていたりするCNCFのプロジェクトです。

　また、実装したTracesを収集する代表的なOSSとして、Jaeger（https://www.jaegert
racing.io/）やGrafana Tempo（https://grafana.com/oss/tempo/）が挙げられます。

　ここで紹介したのは、あくまでプライマリシグナルに限ります。システムをより「可観測」に
するためには、必要に応じてほかのシグナルも使うと良いでしょう。

Part
3
壊れても動く
Kubernetes

Chapter
11
オブザーバビリティと
モニタリングに触れてみよう

336

11.2 モニタリングについて知ろう

11.2.1 情報を可視化する：ダッシュボード

オブザーバビリティはデータを収集しただけでは実現できません。観測できるようにするためには可視化をする必要があります。とくにMetricsやTracesはある一点のデータだけでわかることは少なく、全体や、ある一定の時間軸の中でみていくことが大事です。可視化をするために、ダッシュボードを作成してください。障害調査に利用するだけでなく、障害を起こさないために、あるいは性能劣化や異常を見つけるために利用してください。

ダッシュボードを導入するための代表的なOSSとしてGrafana（https://grafana.com/）が挙げられます。Grafanaはこれまで挙げてきたPrometheus、Loki、Tempoと非常に相性が良いです。

11.2.2 異常を知らせる：アラート

観測可能な状態ができたら、異常が起きたことがわかるように、アラートの設定も行いましょう。アラートにはMetricsを使うと良いでしょう。アラートの設定の仕方、監視をするためのノウハウに関しては1つの本が出ているくらい[3]さまざまなものがあります。ダッシュボードで観測できた値をもとにまずは設定してみて、継続的に改善していくと良いでしょう。

代表的なOSSですが、Prometheus内部にAlertManagerというアラート用のコンポーネントが同梱されています。

※3 Mike Julian著『入門監視』(オライリー・ジャパン)という書籍がおすすめです。

Part **3** 壊れても動く Kubernetes

Chapter **11** オブザーバビリティとモニタリングに触れてみよう

11.3 つくる 簡単モニタリング用システム構築

簡単モニタリング用
システム構築の回

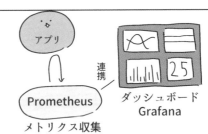

今回、Prometheus と Grafana という
Kubernetes 上に構築できる OSS を使います

アプリ

連携

Prometheus

メトリクス収集

ダッシュボード
Grafana

すでに現場で
別のモニタリングシステムを
使っている方は
適宜スキップしてもらってOKです

絶対使うって
わけじゃないよ

Datadogとかね

あと Prometheus・Grafana で
メトリクスを参照するために
PromQLという言語を知る必要が
あるけれど、今回は
その解説はしないよ

やらないよ

難しいから
別で勉強してもらうと
良さそう

あと同じOSSファミリーで
アラート通知できる
AlertManagerという
OSSがあるけれど、
今回は使わないよ

Alert
Manager

メトリクス自体に
あまり馴染みがない方は
今回メトリクスについて
ちょっとは理解が進むといいな〜

Part
3
壊れても動く
Kubernetes

Chapter
11
オブザーバビリティと
モニタリングに触れてみよう

338

ここではPrometheus、そしてGrafanaを使ってモニタリング用のシステムを構築してみましょう。モニタリング用システムは多岐にわたり、すでに使用しているものとは異なるかもしれません。そのため、適宜スキップしていただいて構いません。

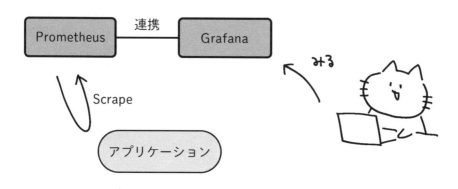

11.3.1　Prometheus/Grafanaをインストールする

　Chapter 10のHelmの説明ですでにインストールされている方もいるかもしれませんが、改めてHelmを利用したインストール方法を案内します。

1. https://helm.sh/docs/intro/install/ を参照してHelmをインストールする
2. 次のコマンドを実施し、Helm Repositoryを追加する
```
helm repo add prometheus-community https://prometheus-community.github.io/helm-charts
helm repo update
```
3. `kubectl create namespace monitoring` コマンドを実行してNamespaceを作成する
4. 次のコマンドを実施し、Helm Chartをインストールする
```
helm install kube-prometheus-stack --namespace monitoring prometheus-community/kube-prometheus-stack
```

`kubectl get pod --namespace monitoring`を実行し、すべてのPodがRunning
になっていればインストール完了です。

実行結果

```
$ kubectl get pod --namespace monitoring
NAME                                                      READY   STATUS    RESTARTS   AGE
alertmanager-kube-prometheus-stack-alertmanager-0         2/2     Running   0          27h
kube-prometheus-stack-grafana-5cbd9bbdff-sn65v            3/3     Running   0          27h
kube-prometheus-stack-kube-state-metrics-68d977bb59-hwtvn 1/1     Running   0          27h
kube-prometheus-stack-operator-594c9fd65-wvvxr            1/1     Running   0          27h
kube-prometheus-stack-prometheus-node-exporter-2j8h5      1/1     Running   0          27h
prometheus-kube-prometheus-stack-prometheus-0             2/2     Running   0          27h
```

11.3.2 メトリクスを収集するアプリケーションを起動する

オブザーバビリティはObserveする対象が存在してはじめて成り立ちます。ということで、
まずはアプリケーションを立ち上げましょう。これまでにも登場したhello-serverアプリを使
います。これまでと1点だけ異なるのは、メトリクス用のエンドポイントを追加することです。

Prometheusは`/metrics`というエンドポイントに対してアクセスし、メトリクスを収集し
ます。`/metrics`でどのようなメトリクスを収集可能にするかはアプリケーション開発者の自
由です。今回はPrometheusのGo用ライブラリを利用し、Goに関連するメトリクスを収集可
能にします。

Part

3

壊れても動く
Kubernetes

Chapter

11

オブザーバビリティと
モニタリングに触れてみよう

340

実装は次のとおりライブラリの追加と、metricsエンドポイントの追加のみです。

```
Diff    hello-server/main.go
@@ -2,6 +2,7 @@ package main

 import (
         "fmt"
+        "github.com/prometheus/client_golang/prometheus/promhttp"
         "log"
         "net/http"
         "os"
@@ -31,9 +32,12 @@ func main() {
                 log.Printf("Health Status OK")
         })

+        http.Handle("/metrics", promhttp.Handler())
+
         log.Printf("Starting server on port %s\n", port)
         err := http.ListenAndServe(":"+port, nil)
         if err != nil {
                 log.Fatal(err)
         }
+
 }
```

このアプリケーションを起動するためのマニフェストはchapter-11/hello-server.yamlです。Prometheusでメトリクスを収集しやすくするために、Serviceリソースも追加しています。また、Namespaceリソースも作成したいので、chapter-11/namespace.yamlも使用します。

applyしていきます。Namespaceを先にapplyしてください。

```
kubectl apply --filename chapter-11/namespace.yaml
kubectl apply --filename chapter-11/hello-server.yaml
```

```
$ kubectl apply --filename chapter-11/namespace.yaml
namespace/develop created
$ kubectl apply --filename chapter-11/hello-server.yaml
deployment.apps/hello-server created
service/hello-server created
```

Podが3つ作成できていれば準備完了です。

```
kubectl get pod --namespace develop
```

```
$ kubectl get pod --namespace develop
NAME                            READY   STATUS    RESTARTS   AGE
hello-server-65d6976454-789g5   1/1     Running   0          6m25s
hello-server-65d6976454-m98l5   1/1     Running   0          6m25s
hello-server-65d6976454-xjg7c   1/1     Running   0          6m25s
```

11.3.3　メトリクスを収集するための設定を行う

　PrometheusはPull型のアーキテクチャをとっているため、Prometheus側に「何を収集するか」の設定を書く必要があります（対比として、例えばPush型であるDatadogはWorker Nodeにエージェントを起動させ、Datadogにメトリクスを送っています）。ここではメトリクスを収集するための設定を行います。

　今回は次のマニフェストを利用して収集を行います[4]。targetに収集対象を記載します。ここでは詳細な解説は行わないので、詳しく知りたい方は公式ドキュメント[5]をご参照ください。

※4　今回のようにPrometheus Operatorを利用していればPodMonitorリソースを使って対象のPodを指定することもできます。
※5　https://prometheus.io/docs/prometheus/latest/configuration/configuration/#scrape_config

Part
3
壊れても動く
Kubernetes

Chapter
11
オブザーバビリティと
モニタリングに触れてみよう

342

kube-prometheus-stack/values.yaml

```yaml
prometheus:
  prometheusSpec:
    additionalScrapeConfigs:
    - job_name: hello-server
      scrape_interval: 10s
      static_configs:
      - targets:
        - hello-server.develop.svc.cluster.local:8080
```

設定ファイルを利用してhelm upgradeを行いましょう。

```
helm upgrade kube-prometheus-stack -f kube-prometheus-stack/
values.yaml prometheus-community/kube-prometheus-stack
--namespace monitoring
```

実行結果

```
$ helm upgrade kube-prometheus-stack -f kube-prometheus-stack/values.
↵ yaml prometheus-community/kube-prometheus-stack --namespace monitoring
Release "kube-prometheus-stack" has been upgraded. Happy Helming!
NAME: kube-prometheus-stack
LAST DEPLOYED: Wed Aug 30 13:16:30 2023
NAMESPACE: monitoring
STATUS: deployed
REVISION: 2
NOTES:
kube-prometheus-stack has been installed. Check its status by running:
  kubectl --namespace monitoring get pods -l "release=kube-prometheus-
↵ stack"

Visit https://github.com/prometheus-operator/kube-prometheus for
↵ instructions on how to create & configure Alertmanager and Prometheus
↵ instances using the Operator.
```

Part

3

壊れても動く
Kubernetes

Chapter

11

オブザーバビリティと
モニタリングに触れてみよう

343

11.3.4 Prometheusにアクセスする

PrometheusにGUIがついているので、アクセスしてみましょう。まずはport-forwardを行います。

```
kubectl port-forward service/kube-prometheus-stack-prometheus
--namespace monitoring 9090:9090
```

実行結果

```
$ kubectl port-forward service/kube-prometheus-stack-prometheus
↵ --namespace monitoring 9090:9090
Forwarding from 127.0.0.1:9090 -> 9090
Forwarding from [::1]:9090 -> 9090
```

ブラウザでhttp://localhost:9090にアクセスします。

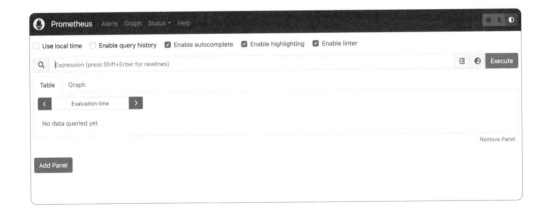

収集の設定がうまく行えているか確認しましょう。まずは上のタブにあるStatus > Targetを見てみましょう。

Part
3
壊れても動く
Kubernetes

Chapter
11
オブザーバビリティと
モニタリングに触れてみよう

344

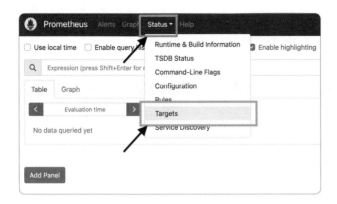

ページを開き、hello-serverの項目をみましょう。次のようにErrorに何もなく、State が UPになっていればメトリクス収集対象として認識できていることを表しています。

hello-serverが起動していなかったり、Endpointの指定が間違っていると次のようにError が吐き出されたりします。

では、実際のメトリクスをみてみましょう。この後にアクセスするGrafanaでリッチなダッシュボードを生成できますが、Prometheusでもメトリクスを参照できます。

1. メインページ（左上のPrometheusの文字列をクリック）に戻ります
2. 検索窓（虫眼鏡のアイコンの隣）にgo_gc_duration_seconds{job="hello-server"}と入力します
3. 検索窓の横にあるExecuteボタンを押します

Part

3

壊れても動く
Kubernetes

Chapter

11

オブザーバビリティと
モニタリングに触れてみよう

さまざまなメトリクスが出てくると思いますが、これではわかりづらいでしょう。画面の中ほどにあるGraphタブをクリックしてグラフを表示してみます。

hello-serverのgo_gc_duration_secondsメトリクスの値を取得できました。

11.3.5 Grafanaにアクセスする

では、つづいてGrafanaにアクセスしてみましょう。port-forwardを行います。

```
kubectl port-forward service/kube-prometheus-stack-grafana
--namespace monitoring 8080:80
```

実行結果

```
$ kubectl port-forward service/kube-prometheus-stack-grafana
↵ --namespace monitoring 8080:80
Forwarding from 127.0.0.1:8080 -> 3000
```

ブラウザでhttp://localhost:8080を開きましょう。

Part
3
壊れても動く
Kubernetes

Chapter
11
オブザーバビリティと
モニタリングに触れてみよう

346

ログイン画面が開きました。次の入力を行い、ログインしてみましょう[6]。

```
username：admin
password：prom-operator
```

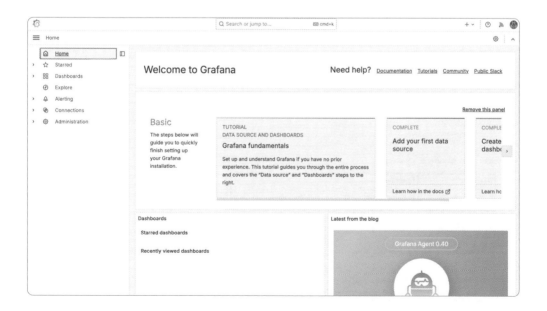

Part

3

壊れても動く
Kubernetes

Chapter

11

オブザーバビリティと
モニタリングに触れてみよう

※6　スクリーンショットのわかりやすさのために画面をライトモードにあらかじめ設定していますが、デフォルトでは背景が暗めの画面になっていると思います。

「Welcome to Grafana」ということで無事ログインできました。では、先ほどと同じように メトリクスをみてみましょう。左側のハンバーガーメニューからExploreを開いてください。

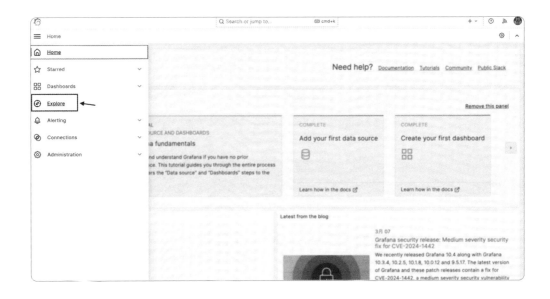

では、先ほどと同様にメトリクスを検索してみましょう。先ほどに比べて検索画面がリッチ になっていますね。Metric欄にgo_gc_duration_secondsを、Select labelにjob、Select valueにhello-serverを入れましょう。すると先ほどと同じクエリが出力されます。

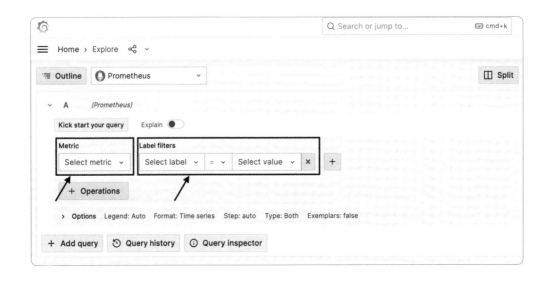

Part
3
壊れても動く
Kubernetes

Chapter
11
オブザーバビリティと
モニタリングに触れてみよう

348

最後に右上の「Run query」ボタンをクリックしてグラフを表示しましょう。

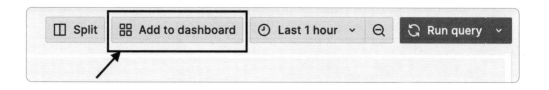

　これだけではPrometheusでできたことと同じなので、ダッシュボードも作ってみましょう。ダッシュボードを作ることで必要なクエリを保存してグラフ表示を固定できます。障害調査時に毎回クエリを実行するのではなく、関連するメトリクスをダッシュボードに保存しておき、パッと出せると良いでしょう。

　また、メトリクスに詳しくない人に共有するという使い方もできます。Explorerの画面からダッシュボードを作成するのは簡単です。上の方にある「Add to dashboard」をクリックし、

Part

3

壊れても動く
Kubernetes

Chapter

11

オブザーバビリティと
モニタリングに触れてみよう

「Open dashboard」をクリックしてください。

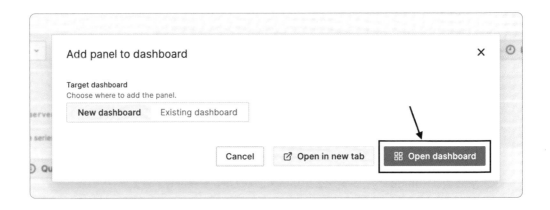

すると、次のような画面が出ます。

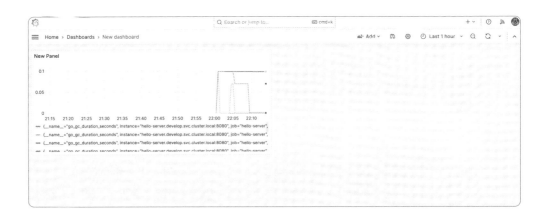

まだグラフが1つしかありませんが、これがダッシュボードになります。また、アラートも Grafana上から設定できます。ハンバーガーメニューからAlertingを選択してください。 Alertingの設定方法が書かれた画面が出てきます。

Part
3
壊れても動く
Kubernetes

Chapter
11
オブザーバビリティと
モニタリングに触れてみよう

350

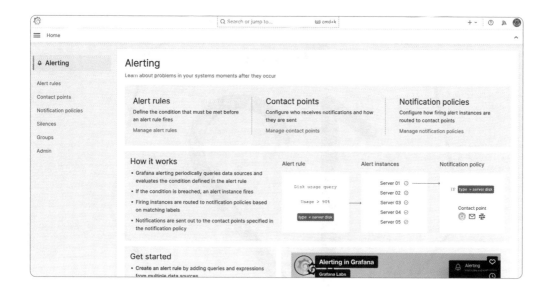

　左のメニューからAlert rulesをクリックすると、デフォルトで設定されているアラートルールが一覧表示されています。

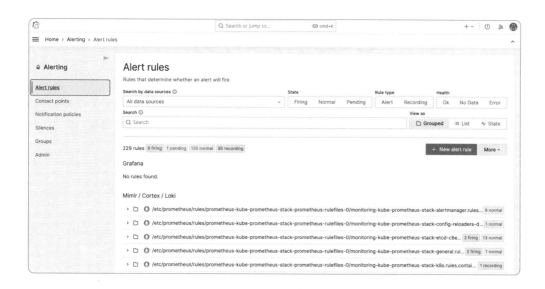

　以上が簡単なモニタリング用システム構築ハンズオンでした。

Part

3

壊れても動く

Kubernetes

Chapter

11

オブザーバビリティとモニタリングに触れてみよう

351

Chapter

12

この先の歩み方

　これまでKubernetesの基礎を説明してきました。本書を通して、「すでに動いているものを理解する・デバッグする」ということができてきたのではないかと思います。

　では、この先どのようにスキルアップを進めていくか...ここでは大きく分けて次のようなことができるようになるためのスキルアップ方法をご紹介します。

- ●資格を取得したい
- ●Kubernetes上でアプリケーションを運用する知見を深めたい
- ●Kubernetesの障害対応に強くなりたい
- ●Kubernetesのコミッターになりたい

　どれにも当てはまらない場合、もしかしてKubernetesについて必要な知識としては十分かもしれません。誰しもがKubernetesのスキルアップをする必要があるとは思いません。スキルアップしたいと思ったタイミングでまたこのChapterに戻ってきてください（情報が古くなっているかもしれませんが...！）。

12.1 資格を取得したい

　資格を目的にして勉強することもモチベーション維持のためには良いことでしょう。次に紹介するCNCFが公式に公開している資格は試験で手を動かす必要があるので、より実践的な知識が求められます。

Certified Kubernetes Application Developer (CKAD)
https://www.cncf.io/certification/ckad/

　アプリケーション開発者向けの試験となっており、アプリケーションのビルド・運用・モニタリングなどが出題されます。

　この資格を取得するためには次の項目を参考にすることをおすすめします。

12.5.1 公式ドキュメントを読む
試験中は公式ドキュメントを参考にできるので、おおまかにどこに何が書かれているか知っておくと良いでしょう。
12.5.3 書籍でKubernetsに関する知識を深める
広範な知識が求められるため、とくに『Kubernetes完全ガイド 第2版』をおすすめします。

　有料で動画を提供するサービスに資格取得目的用の動画もあります。「<動画サービス> CKAD」などをGoogleで検索してみてください。

　ほかに資格特有のテクニックに関してはインターネットを検索すると良いでしょう。

Part
3
壊れても動く
Kubernetes

Chapter
12
この先の歩み方

354

Certified Kubernetes Administrator (CKA)　https://www.cncf.io/certification/cka/

KubernetesクラスタのAdministrator向けの試験です。クラスタのバージョンアップなど、Administrator向けの知識が必要になってきます。本書ではほとんどAdministrator向けの内容を扱っていないので、CKAを受験するには別途書籍などを利用して勉強すると良いでしょう。この資格を取得するためには次の項目を参考にすることをおすすめします。

12.5.1 公式ドキュメントを読む

試験中は公式ドキュメントを参考にできるので、おおまかにどこに何が書かれているか知っておくと良いでしょう。

12.5.3 書籍でKubernetsに関する知識を深める

広範な知識が求められるため、とくに『Kubernetes完全ガイド 第2版』をおすすめします。

12.5.4 自前でKubernetesクラスタを構築する

ノードの入れ替えやetcdの修復など手を動かす問題が出題されるため、一度は自前でKubernetesクラスタを構築すると良いでしょう。

有料で動画を提供するサービスに資格取得目的用の動画もあります。「<動画サービス> CKA」などをGoogleで検索してみてください。

ほかに資格特有のテクニックに関してはインターネットを検索すると良いでしょう。

12.2 Kubernetes上でアプリケーションを運用する知見を深めたい

アプリケーション開発者であれば、アプリケーションの運用方法やテクニックについて知見を深めたいと思うかもしれません。次の項目を参考にしてください。

12.5.1 公式ドキュメントを読む

公式ドキュメントには「XXしたい」に対しての実現方法がたくさん載っています。具体的にやりたいことがあるのであれば、公式ドキュメントを検索すると良いでしょう。

12.5.3 書籍でKubernetsに関する知識を深める

とくに「Kubernetes上のアプリケーションを運用する知識」に記載されている書籍をおすすめします。

12.3 Kubernetesの障害対応に強くなりたい

本書では、かなりわかりやすい障害の事例を記載しました。実際にはもっと複雑でわかりにくい事象が発生し、調査にはより深い知識が求められることでしょう。Kubernetesの障害対応に強くなりたい方は次の項目を参考にしてください。

12.5.1 公式ドキュメントを読む

12.5.3 書籍でKubernetsに関する知識を深める

12.5.4 自前でKubernetesクラスタを構築する

Part
3
壊れても動く
Kubernetes

Chapter
12
この先の歩み方

356

12.4 Kubernetesのコミッターになりたい

12.5で紹介するいくつかの方法が使えると思いますが、まずはKubernetes公式が提供しているコントリビュータガイドに目を通すと良いでしょう。

https://github.com/kubernetes/community/tree/master/contributors/guide

また、日本でもコントリビューションに慣れるための、Kubernetesアップストリームトレーニングが不定期で催されています。詳しくは、こちらをご参照ください。

https://github.com/kubernetes-sigs/contributor-playground/tree/master/japan

12.5 スキルアップする方法

12.5.1 公式ドキュメントを読む

Kubernetesの公式ドキュメントは丁寧にまとめられています。ハンズオンで手を動かすドキュメントも豊富なので、困ったらまずは公式ドキュメントを読むと良いでしょう。

https://kubernetes.io/docs/home/

12.5.2 公式の実装を読む

実装を読むことでKubernetesの知識がかなり深まります。しかし、本書では実装に関する説明を一切行っていないので、いきなり実装を読むよりはほかの方法で少し実装について理解を深めてからの方が読み進めやすいでしょう。リポジトリは次のとおりです。

https://github.com/kubernetes/kubernetes

12.5.3 書籍でKubernetsに関する知識を深める

目指す姿がKubenetesの運用者であろうと、アプリケーション開発者であろうと、「とにかくKubernetesに関する知識を深めたい」という方におすすめの書籍です。

Kubernetesに関する広範な知識

『Kubernetes完全ガイド 第2版』
青山真也　著、インプレス、2020年

　大人気のこの書籍、「完全」ガイドというだけあってかなり詳しくKubernetesについて説明されています。その分内容も分厚く、いきなり全部を読み通そうと思うと挫折してしまうかもしれません。本書で疑問に思ったところを調べたり、何か気になるキーワードを聞いたときに調べたり、リファレンス的に活用すると良いでしょう。もちろん全部読み切ることができればKubernetesにかなり詳しくなることができます。

『Kubernetes Up & Running 2nd edition』
Brendan Burns, Joe Beda, Kelsey Hightower　著、O'Reilly Media,Inc.、2019年

　Kubernetesの初期開発メンバーであるBrendan Burns, Joe Bedaが書いているため、信頼性が高い内容となっています。本書で扱ったような初歩的な内容も押さえつつ、少し深いところにも触れているためKubernetesについて、より一層深く知るには良い1冊となっています。第1版は日本語訳がありますが、こちらの第2版は日本語訳が出ていません（第1版は少し内容が古くなっているため、第2版をおすすめします）。

Kubernetes上のアプリケーションを運用する知識

『Kubernetesの知識地図』
青山真也、小竹智士、長谷川誠、川部勝也、岩井佑樹、杉浦智基　著、技術評論社、2023年

　DockerfileからKubernetesバージョンのアップグレード戦略まで、本番運用を見据えたテクニックが満載です。そこまで分厚くない中で情報量がかなり詰め込まれており、ある程度Kubernetesに関して知っていることが前提の説明になります。本書を読み切った方であれば十分読めると思います。

Part
3
壊れても動く
Kubernetes

Chapter
12
この先の歩み方

358

『Kubernetesで実践するクラウドネイティブDevOps』

John Arundel、Justin Domingus　著、須田 一輝　監訳、渡邉 了介　訳、オライリージャパン、2020年

　Kubernetesを運用する実践的なテクニックが幅広く載っています。原著は少し古いですが、今でも使えるテクニックが満載です。アプリケーション開発者も読んでおくと、Kubernetesを利用した開発・アプリケーションの運用に役立つと思います。

『Docker/Kubernetes開発・運用のためのセキュリティ実践ガイド』

須田 瑛大、五十嵐 綾、宇佐美 友也　著、マイナビ出版、2020年

　本書の監修を行っている五十嵐綾さんが著者の1人となっている書籍です。本書では取り扱っていないKubernetesの認証・認可の仕組みからコンテナイメージの脆弱性を検査する方法など、コンテナを開発・運用するうえで必要な知識が幅広く網羅されています。

Kubernetesの実装について理解を深める

『Programming Kubernetes』

Michael Hausenblas, Stefan Schimanski　著、Oreilly & Associates Inc、2019年

　英語の書籍となっています。Kubernetesの内部実装について解説が書かれているので、実装を読む前に読んでおくと実装の見方がわかると思います。こちらに目を通しておくと、後の「カスタムコントローラを作る」ことにも活きてきます。

12.5.4　自前でKubernetesクラスタを構築する

　これまで紹介したKubernetesクラスタの構築方法はいずれもControl Plane周りが自動化されていました。ここでは自前でKubernetesクラスタを構築する方法をいくつか紹介します。例えば、etcdのセットアップ、Node間の認証、ネットワークのセットアップなど、すべてを自分で実施することでより深くKubernetesについて理解できます。

Kubernetes the Hard Way を実施する

https://github.com/kelseyhightower/kubernetes-the-hard-way

　Kubernetes the Hard Wayにはいくつかの実施方法がありますが、こちらのリンクは最も有名なリポジトリです（対応するバージョンはKubernetes v1.21.0です）。GKEを利用しますが、無料枠の範囲でできます。手順がわかりやすく書かれているので、手順を上から順番に実施していくとKubernetesクラスタを自分で構築できます。

ラズパイで自前 Kubernetes クラスタを構築する

　「おうちKubernetesクラスタ」で検索するとお家でKubernetesクラスタを組んでいる方がたくさん見つかると思います。

https://developers.cyberagent.co.jp/blog/archives/27443/

　こちらは『Kubernetes 完全ガイド』の青山さんが公開している「おうちKubernetesをインターン」で実施したブログの記事です。どういったハードウェアを購入したか、構築手順は、などが詳しく書かれているので参考にしてみてください。ちなみにお値段は調べたところ4万〜10万弱はかかるようです。

12.5.5　カスタムコントローラを作る

　Goのプログラミングが好き、Kubernetesの内部実装についてより詳しく知りたい、という方はぜひカスタムコントローラを作ってみてください。

書籍を見ながら作る

『実践入門 Kubernetesカスタムコントローラへの道』
磯 賢大　著、インプレスR&D、2020年
　手を動かしながらカスタムコントローラのつくり方を学べる一冊です。

Part
3
壊れても動く
Kubernetes

Chapter
12
この先の歩み方

360

kubebuilderを利用する

kubebuilderを利用すると簡単にカスタムコントローラを作ることができます。

『The Kubebuilder Book』
https://book.kubebuilder.io/

kubebuilderが公式でハンズオンのドキュメントを公開しているので、こちらを参考にはじめてみると良いでしょう。

『つくって学ぶKubebuilder』
https://zoetrope.github.io/kubebuilder-training/

日本語で、かつKubebuilder Bookよりわかりやすい解説が入ったドキュメントです。

番外編：Linuxに詳しくなる

直接Kubernetesに関してのスキルアップではありませんが、「Kubernetesの障害対応に強くなりたい」「より低レイヤに詳しくなりたい」という方はLinuxに詳しくなると良いでしょう。

コンテナはLinuxの機能を使っているため、より深くKubernetesのことを知るにはLinuxの知識は不可欠です。またKubernetesに限らず、さまざまなインフラ（あるいはプラットフォーム）に活用されている技術であるため、かなり応用が利く技術だといえるでしょう。

Linuxに詳しくなる方法はKubernetes以上に多種多様であるため深くは言及しませんが、あまりLinuxに詳しくないという方にぜひおすすめしたい一冊があります。

『Linuxのしくみ(増補改訂版)』
武内覚著、技術評論社、2022年

Kubernetesを扱ううえではLinuxのコマンド類をたくさん知るよりも、プロセス管理や仮想化機能について知っておく方が役に立ちます。Linuxは詳しくないという方に向けてかなり丁寧にわかりやすく解説しているのがこの一冊です。

おわりに

　ここまで読んでいただきありがとうございました。少しでもお役に立てたでしょうか。Kubernetesに興味を持っていただけたでしょうか。私は普段SREをやりつつ開発者のサポートも行っているのですが、こんな本があれば助けになるかなと思ってとにかくあれこれ詰め込んでみました。この本を手に取っていただいた方がどういうきっかけでKubernetesに触れることになったかわかりませんが、どんなきっかけにせよこの本にたどり着いて楽しんでいただけたら嬉しいなと思います。

　この本を書くにあたってたくさんの方のサポートをいただきました。まずは書籍の話のきっかけをいただいた翔泳社の近藤佑子（@kondoyuko）さん、小田倉怜央さん、小林真一朗さん、編集者の畠山龍次（@togusA0301）さんありがとうございました。監修の五十嵐綾（@Ladicle）さんにはいつも的確かつ柔らかな指摘をいただき、五十嵐さんなしではこの本は完成しなかったと思っています。また、本書は青山真也さま、武内覚さま、松坂直門さま、野村浩司さまにレビューいただきました。みなさまのレビューのおかげで本書がより良い内容になりました。そして、プライベートがおろそかになりがちな私を支えてくれたパートナーと犬にも感謝します。

　本屋が好きで、本屋でバイトしたかったはずなのに本屋併設のカフェで働いていた身としては書店に自分の本が並ぶのは本当に夢のようです。ただ、この夢が実現できたのは先人たちが残してくれたたくさんの書籍、職場の人のサポート、絵が好きでありながら何もできずくすぶっていたときに、同人活動に誘ってくれた友人、技術同人誌を書くきっかけを与えてくれた友人、ずっと技術同人誌の表紙を描いてくれている友人、さまざまな人との出会いやきっかけがあったおかげだと思っています。

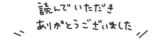

索引

記号、数字

_requiredDuringSchedulingIgnoredDuring
Execution... 236
_Traces 333
--command -- 093
--container 087
--context 058
--detach 029
--name 030
--namespace 081
--output 082
--output json 085
--output wide 082
--output yaml 082, 084
--publish 030
--restart=Never................................ 093
--rm 030, 093
--selector 088
--stdin 093
--tag 027
--tty 093
--v=7 085
-it 093
-stdin 093
.（ドット） 027
.yaml... 066
.yml... 066
/metrics... 340
1回限りのタスク................................. 193

2つの新規シグナル 333
3つのプライマリシグナル 333

A〜C

Affinity 235
alias... 104
Alpha 102
Amazon Elastic Kubernetes Service
（EKS）.. 053
Anti-affinity 235
Argo CD 311
Azure Kubernetes Service（AKS）..... 053
base... 324
BestEffort... 220
Beta 102
Burstable 220
CD... 310
Certified Kubernetes Administrator.... 355
Certified Kubernetes
Application Developer......................... 354
CI.. 310
CIOps 308
ClusterIP 153
Completed 079
ConfigMap 171, 179
configured 112
Control Plane 050, 291
CPU 220
CronJob.. 196
curl.. 091
curlコマンド 039

D〜F

deploy 088
Deployment 088, 123, 141
diff 083

つくって、壊して、直して学ぶ Kubernetes入門

Index

DNS 158
Docker 018
docker build 021, 027
Docker Desktop.................................. 022
Docker Engine..................................... 022
docker images..................................... 028
docker ps... 029
docker pull 021, 031
docker push 032
docker run....................................021, 029
docker stop 021, 029
docker.io 114
Dockerfile.....................................025, 027
DockerHub 114
Dockerイメージ 024
Dumps 333
echo... 188
ErrImagePull 079
Error... 079
Events.. 086
Evict... 246
ExternalName...................................... 153
FailedScheduling 224
FluxCD... 312

G〜I
GA 102
General Availability 102
GitOps.. 309
Go 036
go.mod 037
Google Kubernetes Engine（GKE）.... 053
Grafana...339, 346
Guaranteed 220
hello-server 036
Helm.. 313

Helm Chart Repository 314
Horizontal Pod Autoscaler.................. 256
http serverコンテナ 035
http://localhost:8080 023
index.html 027
Infrastructure as Code........................ 047

J〜L
Job.. 193
jq.. 085
Jsonnet.. 318
JSON変換ツール 085
k3s... 052
k9s... 106
Killercoda......................................053, 249
kind..052, 055, 071
kind create cluster.............................. 057
kind delete cluster.............................. 059
kind get clusters................................. 071
kind version.. 056
kube-apiserver..................................... 051
kube-proxy 295
kubectl 051, 055, 295
  config 057
  操作に役立つツール 105
  プラグイン 107
kubectl <TAB> 103
kubectl apply --filename 072
kubectl debug 090
kubectl delete 099
kubectl describe 086
kubectl edit 097
kubectl get 081
kubectl get nodes 071
kubectl get p<TAB> 104
kubectl logs... 087

つくって、壊して、直して学ぶ Kubernetes入門

kubectl port-forward 095
kubectl rollout restart....................... 101
kubectl run..............................074, 092
kubectx 107
kubelet 294
kubens................................107, 108
Kubernetes 044
　特徴 045
　アーキテクチャ 290
　アーキテクチャ概要 050
　拡張する方法.............................. 304
　クラスタの構築方法 051
　マニフェスト管理........................ 313
Kubernetes API Reference 068
Kubernetes Feature State 102
kustomization.yaml.......................... 326
Kustomize 319
kustomize build................................. 327
less 083
Linux.. 361
Liveness probe................................ 205
LoadBalancer.................................. 153
Logs...............................333, 334

M〜O
main.go 037
maxSurge 130
maxUnavailable 262
Metrics 333, 334
minAvailable 262
minikube 052
monolithic 040
Namespace 068
Node................................051, 294
　退役 261
Node affinity.................................... 236

Node selector....................................... 234
NodePort..............................153, 154
nslookup... 092
OOMKilled 079, 231
overlays 324

P〜R
patches.. 326
Pending 079
Play with Kubernetes...................... 053
Pod 067
　STATUS 078
　冗長化 121
　スケジュールに便利な機能 234
　分散するための設定 240
　ライフサイクル 120
　ログを参照 087
Pod Affinity 238
Pod Anti-affinity 238
Pod Topology Spread Constraints........ 240
PodDisruptionBudget 261
port-forward 095
Preemption 244
preferredDuringSchedulingIgnoredDuring
Execution.. 236
Priority 244
Probe... 202
Profiles 333
Prometheus 339, 344

Q〜S
Quality of Service（QoS）.................. 220
Readiness probe 202
Reconciliation Loop........................... 045
ReplicaSet 121
Resource limits 219

Index

Resource requests 219
resources 326
REST 086
   ヘッダー 086
   リクエスト 086
RollingUpdateStrategy 129
Running 079
Secret 188
Service 150
   Type 153
Spinnaker 312
Stable 102
starship 107
Startup probe 209
STATE 210
stern 105
StrategyType 129

T〜V

Taint.. 242
terminated 231
Terminating.. 079
Toleration 242
Traces 335
TYPE 153
Unknown 079
Vertical Pod Autoscaler 260

W〜Z

watch... 274
Worker Node 050, 294
YAMLファイル 047

あ行

アプリケーション 020
アラート 337

エンドポイント 271
オブザーバビリティ 333
オプション 093

か行

学習の流れ 062
カスタムコントローラ 360
仮想マシン 020
カレントディレクトリ 027
環境変数... 171
寛容.. 242
機密情報 032
機密データ 188
強制退去 246
クラウドベンダー 053
継続的な調整 309
原因調査 270
公式ドキュメント 357
コミッター 357
コンテナ 019
   起動するまでの流れ 296
   ログの取得 087
コンテナランタイム...............................295, 296
コンポーネント... 291

さ行

最小構成単位 067
サイドカーコンテナ 090
再分散 241
削除.. 099
差分.. 083
資格.. 354
自作テンプレート 318
実装.. 357
指定の省略 104
自動的に取得 309

自動復旧 045
自動補完 103
障害対応 356
使用するアプリケーション 062
書籍 358
垂直スケール 260
水平スケール 255
スキルアップ 357
スケール 255
スケジューリング 248
正常性確認 268
セキュリティリスク 310
接続確認 165, 166, 167
宣言型 045
宣言的 309
全体像 060
戦略 129
測定値 334

た行

ターミナル操作 103
ダッシュボード 337
調査 112
調整ループ 045
定期的に実行 196
ディレクトリ 027
手続き型 045
デバッグ 090
　大まかな流れ 110
デフォルトコンテキスト 108
転送先ポート番号 096
統計的 334
トラブルシューティングガイド 078

は行

バージョン管理 309

秘密情報 032
フォルダ 027
複製 121
不変 309
ヘルスチェック 202
ボリューム 176

ま行

マイクロサービスアーキテクチャ 021
マニフェスト 066
　その場で編集 097
マルチステージビルド 033
メトリクス 340
メモリ 220
文字列 083
モニタリング 337
モノリシック 040

や行

汚れ 242

ら行

リソース 066
　削除 099
　指定の省略 104
リソースの単位 220
リソースを指定 218
リソース使用量を制限 219
リソース使用量を要求 219
ローカルクラスタ 052
ログレベル 085

著者プロフィール

著者
高橋 あおい（たかはし あおい）

大手メーカーでソフトウェアエンジニアとして従事したのち、IT企業のSREに転職。技術同人誌「まんがではじめるKubernetes」などを執筆。
日々Kubernetesや関連技術をどのようにわかりやすく人に伝えられるか考えている。
趣味は漫画を読むこと、書くこと、音楽を聴くこととビール。
X：@_a0i

監修者
五十嵐 綾（いがらし あや）

CloudNatixにてKubernetesのコスト最適化や運用自動化サービスを開発している。
以前は、OpenStackをベースとしたクラウドサービス基盤の開発や、
Kubernetes基盤の研究開発に従事。
Kubernetes関連の書籍執筆やOSS開発、Kubernetes Meetup Tokyoを共同運営している。
X：@Ladicle

つくって、壊して、直して学ぶ Kubernetes（クバネテス）入門

2024年4月22日　初版第1刷発行
2024年6月20日　初版第2刷発行

著者　　　　高橋 あおい
監修者　　　五十嵐 綾
発行人　　　佐々木 幹夫
発行所　　　株式会社 翔泳社（https://www.shoeisha.co.jp）
印刷・製本　中央精版印刷 株式会社

ISBN978-4-7981-8396-1
Printed in Japan